U0597122

流动的⊕时间

LIUDONGDESHIJIAN

杨莹 编著

北方妇女儿童出版社

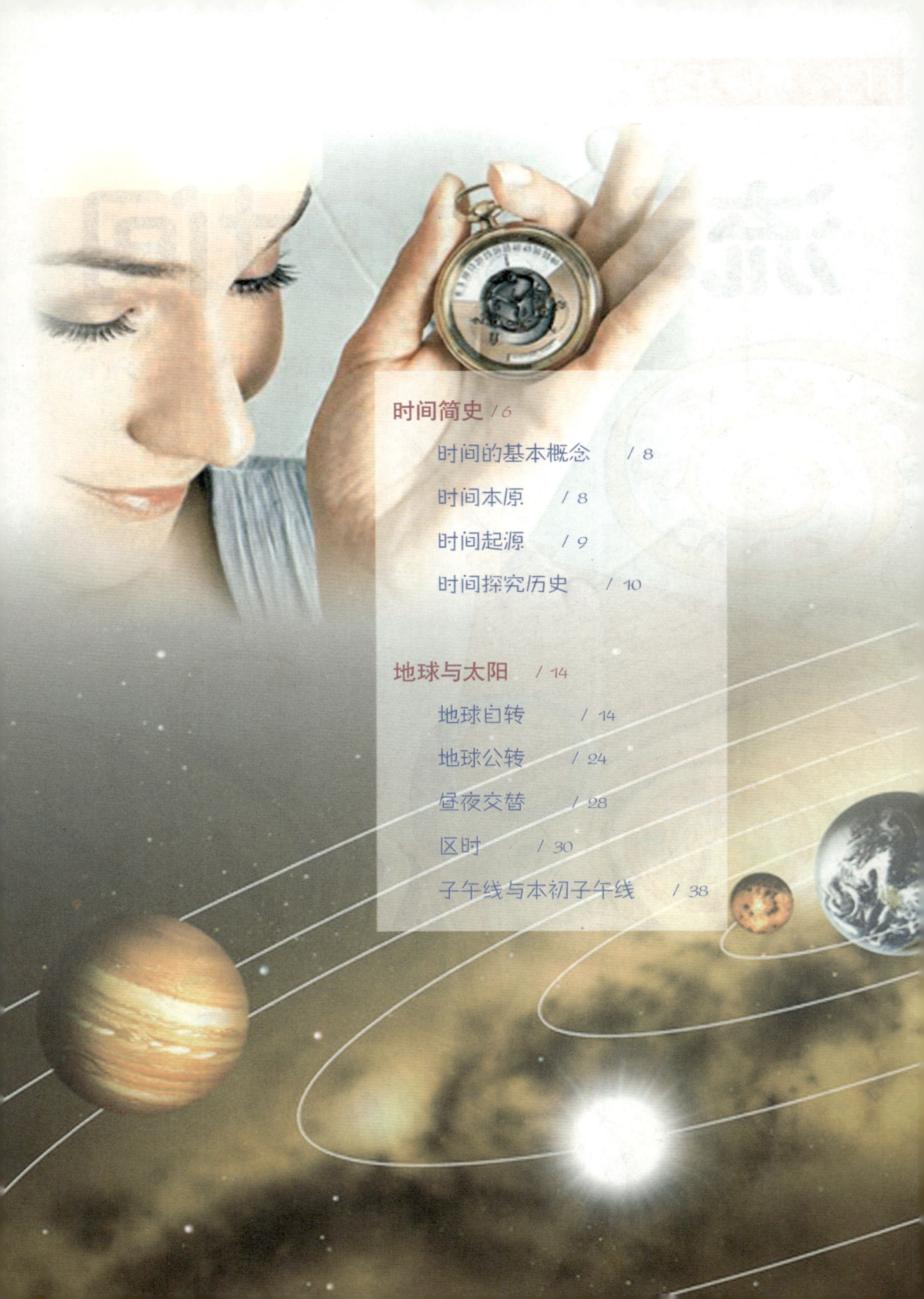

目 录

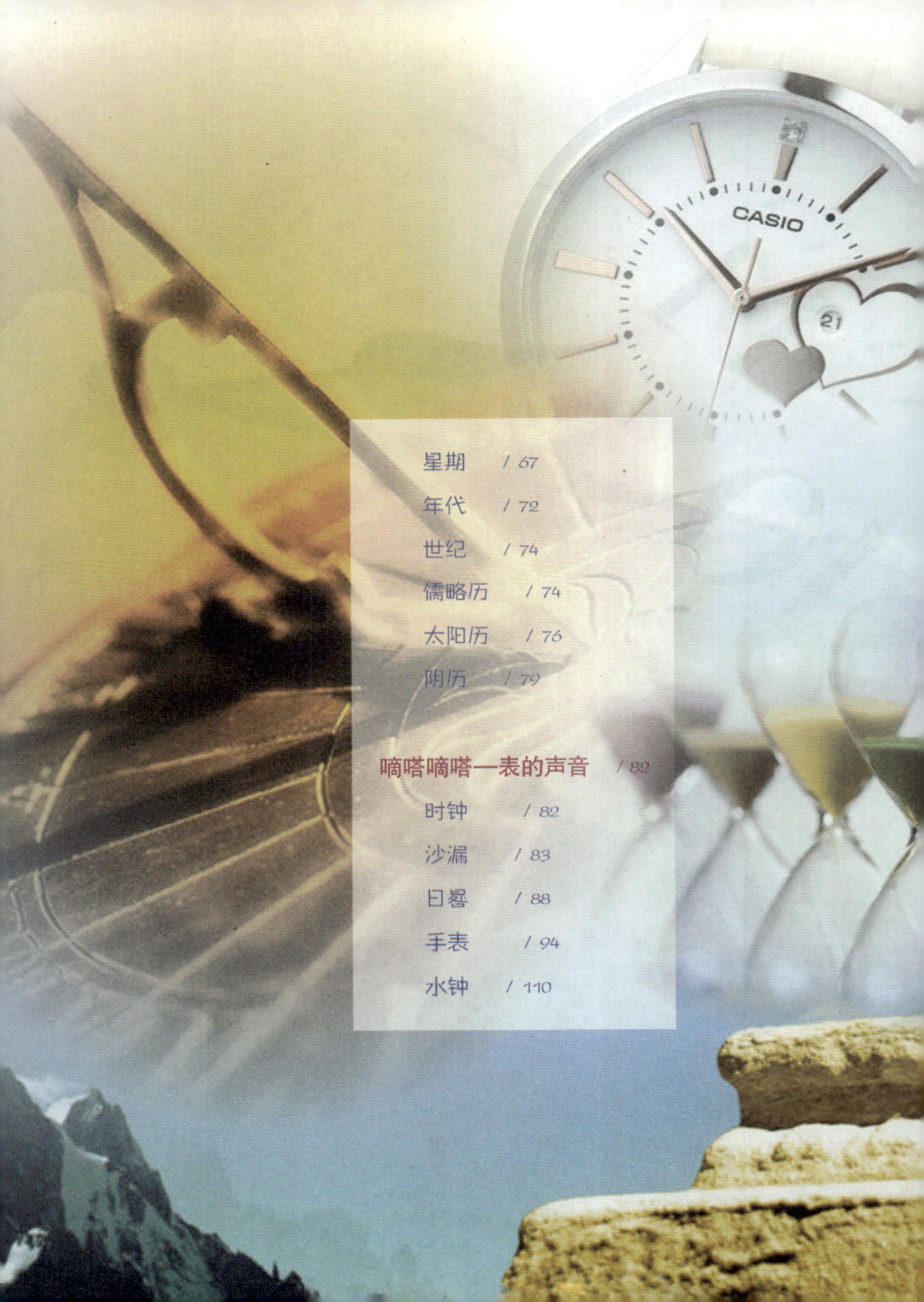

目　录

时间简史

时间是人最大的成本，同样也是每个人的资本和财富。时间对每个人都是公平的，给每个人的一天都是24小时，1440分钟，从你来到这个世界的那天开始，它就陪伴着你过每一天，无论你是贫是富，是贵是贱，时间就从来没离开过你。

时间是有限的，同样也是无限的，有限的是一年只有365天，每天24小时，但它周而复始地在流逝，人生匆匆不过几十个春秋，直至老去的那天，时间还是那样，每一分每一秒地在走，像是无限的一样，但它赋予我们每个人的生命是有限的。

时间是指宏观一切具有不停止的持续性和不可逆性的物质状态的各种变化过程，具有共同性质的连续事件的度量衡的总称。是一个较为抽象的概念，爱因斯坦在相对论中提出：不能把时间、空间、引力三者分开解释、"时"是对物质运动过程的描述，"间"是指人为的划分。时间是思维对物质运动过程的分割、划分。

时间的基本概念 >

时间是物质变化的一个过程。如果物质没有变化，时间就不存在。就算存在，它也没有任何意义。而此连续的物质变化的度量称为时间。还有人认为时间是存在于人们心中的一个概念。有些人思维多一些，那他的时间将变慢；有些人行动多一些，那他的时间将变快。说到这儿，有人可能会说那我们生活在同一个地球上，时间不是不平等了？错了。时间是平等的，只是先后顺序不一样。这也是为什么有些地方发展快，有些地方发展慢的原因了。

时间本原 >

时间的本原就是事物的存在过程。时间是所有事物皆具有的天然属性，时间是存在的表征，是过程的记录，是人们描述事物存在过程及其片段的参数。

事物的存在状态无外乎静止与运动变化，事物的运动变化既有其在空间上的位移，也有其性状的改变。时间是判别一般事物是处于静止阶段还是运动变化阶段的关键。

一般事物都有其开始的一刻，也有其结束的一刻。但至少有一个事物除外，这就是绝对空间。绝对空间的存在过程——绝对时间就无始无终。而其他事物的存在过程都可对应于绝对时间的某一部分。当然，其他事物的时间在一定条件下也可相互对应。

时间起源 >

就如宇宙也是有起源，宇宙产生的同时伴随有时间的产生，绝对静止的物体周围是没有时间的，运动着的物体周围则有时间。我们所处的地球是运动的，它会自转，所以地球上面是有时间的，假如没有自转，那么，它也会有时间的，因为它也在公转，假如没有公转，地球上也是有时间的，太阳系是运动的，银河系乃至整个宇宙都处于运动的状态，若是整个宇宙都处于绝对的静止，那么也就不会有时间。

流动的时间

时间探究历史 >

探究时间概念的由来, 可从地球人公认的时间单位"天"和"年"说起。自人类诞生起, 人们就感受着昼夜轮回现象, 并把一个昼夜轮回定义为一天时间, 以后逐步认识到这是地球自转 (一种事物) 的表现。再有, 人们从春夏秋冬、日月星辰轮回现象的背后认识了地球在绕太阳公转, 并把地球公转一周的过程定义为一年时间。不仅如此, 人们还把一天划分为24小时或者12时辰, 把一年划分为4个季节、12个月份等等。人们还拿1年时间与1天时间的长短进行了比较, 以1年时间 (地球公转1周的过程) 来对应大约365天。

通过对时间单位"天"和"年"的分析可以看出, 人们对时间的认识其实是围绕着各个 (种) 事物的存在过程进行的。时间概念是人们在认识事物的基础上, 对事物的存在过程进行定义、划分和相互比对而逐步形成和完善的。

事物的存在过程、状态无外乎运动变化或静止。运动变化的事物既可有空间上的位移, 也可有形状的改变, 有的事物呈现出周期性的运动或变化, 而有的则不明显或者没有。那些具有明显周期性变化

的事物，其存在过程或阶段，往往被人们用来作为衡量时间长短的依据。例如地球的自转和公转周期、单摆的运动周期、原子的振荡周期等等。人们虽然由观察事物的运动变化而建立起了时间概念，但这并不表明没有运动变化就没有时间或静止对时间没有意义。静止状态也是事物存在的一种形式，比如钻石的分子结构在通常情况下是稳定不变的，不然人们就不会说"钻石恒久远，一颗永流传"。因此，不论事物是运动变化的还是静止的，只要有事物存在就可以用时间来描述其存在过程，也就是时间概念里还应体现事物的静止状态这一面。仅仅把时间概念建立在事物的运动变化上是初步和片面的，若能进一步意识到静止也是事物存在过程中的一种状态，将是人们在时间概念上的一个进步。

11

人们建立时间概念的一个基本目的是为了对时，即对各个（种）事物的先后次序或者是否同时进行比对。人们为了方便相互间的交流和活动，通常以一些具有标志性事物的起止作为对时的标志。例如，以耶稣诞生的年份作为公元纪年的开始、以孙中山宣告中华民国成立的年份作为民国纪年的开始、以运动场上发令枪的声音和烟雾作为某项比赛的开始。

人们建立时间概念的另一个基本目的是为了计时，即衡量、比较各个（种）事物存在过程的长短。人们一般不以静止事物的存在过程作为记时的依据，这也许是长期以来人们将时间仅仅看作"运动的存在形式"的一个因素。人们通常选择一些周期性运动变化较为稳定的事物，以其运动周期作为计时依据。比如月相、圭表、日晷、机械钟表、石英钟、原子钟等等，这些事物也就成为人们天然

的或人工的计时器。计时器就是人们在一定条件下，通过某个（种）变化事物的存在过程（尤其是周期性的）来衡量其他事物存在过程长短的装置。需要注意的是，任何计时器度量出的时间都是呈现其本身的存在过程，不一定代表其他事物的存在过程。虽然如此，人们还是可以在一定的条件下或通过一定的转换，以某个计时器的运行状态来描述其他事物存在过程的长短或所处阶段。比如以大约365个地球自转周期（天）来对应1个地球公转周期（年）、以大约29.5天来对应1个朔望月、用秒表来测量运动员的成绩等等。

　　由以上叙述可以看出，时间概念不应是人凭空杜撰出来的意识，时间概念来自于人们对各个（种）事物存在过程的认识，并通过归纳总结而产生。因此时间概念对应着客观现实——事物的存在过程。人们除了对"东西"——以实物形态呈现的客观事物，比如恒星、行星、分子、原子、细胞等认识以后可以产生相应的概念，还可以对不是"东西"的非实物形态的客观事实认识以后产生相应的概念。比如国际单位制中7个基本单位所对应的物理量：时间、长度、质量、电流强度、温度、发光强度、物质的量，还有人们的空间、信息、意识等概念反映的也是非实物形态的客观事实。所以，如果有人以时间不是"东西"为由，就否认时间概念的客观性显然是荒谬的。

地球与太阳

地球自转 〉

　　地球绕自转轴自西向东的转动，从北极点上空看呈逆时针旋转，从南极点上空看呈顺时针旋转。关于地球自转的各种理论目前都还是假说。地球自转是地球的一种重要运动形式，自转的平均角速度为 7.292×10^{-5} 弧度/秒，在地球赤道上的自转线速度为 465米/秒。地球自转1周耗时23小时56分，约每隔10年自转周期会增加或者减少3‰—4‰秒。一般而言，地球的自转是均匀的，但精密的天文观测表明，地球自转存在着3种不同的变化：①长期减慢；②周期性变化；③不规则变化。

• 背景资料

　　其实，古希腊的费罗劳斯、海西塔斯等人早已提出过地球自转的猜想，中国战国时代《尸子》一书中就已有"天左舒，地右辟"的论述，而对这一自然现象的证实和它被人们接受，则是在 1543 年哥白尼日心说提出之后。

• 时间概念

　　地球自转是地球的一种重要运动形式，自转的平均角速度为 7.292×10^{-5} 弧度 / 秒，在地球赤道上的自转线速度为 465 米 / 秒。

　　格林尼治时间所说的 1 秒是 1 天的 8.641 万分之一，而 1972 年制作的地球时钟所定义的 1 秒是从铯原子中放射出的光振动 9192631770 次所需要的时间。

　　与铯原子振动数能维持一定速度相比，以地球的自转为准的格林尼治标准时间是发生变化的，闰秒就是为了解决这种问题产生的一种时间概念。

ω=2π/（24×3600s)=7.27/100000 rad/s 地球在自转时同时公转，自转一周需用23小时56分4秒，公转了约0.986度，按地球自转速度折合3分56秒，自转加上公转用的时间共24小时。经度每隔15度，地方时相差1小时。

• 速度变化

美国国立标准技术研究所的观察结果表明，长时期以来呈减慢趋势的地球自转速度自1999年开始加快。NIST的时间测定师们称，为调准以地球自转速度为标准的地球时间和原子时钟的时间，自1972年起到1999年的27年里为地球的标准时钟追加过共22闰秒的时间，但1999年后却没有追加过闰秒，是因为地球的自转速度加快了。

自20世纪初以后，天文学的一项重要发现是确认地球自转速度是不均匀的。人们已经发现的地球自转速度有以下3种变化：

①长期减慢。这种变化使日的长度在1个世纪内大约增长1—2毫秒，使以地球自转周期为基准所计量的时间，2000年来累计慢了2个多小时。引起地球自转长期减慢的原因主要是潮汐摩擦。科学家发现在3.7亿年以前的泥盆纪中期地球上大约1年400天。

②周期性变化。20世纪50年代从天文测时的分析发现，地球自转速度有季节性的周期变化，春天变慢，

北极

南极

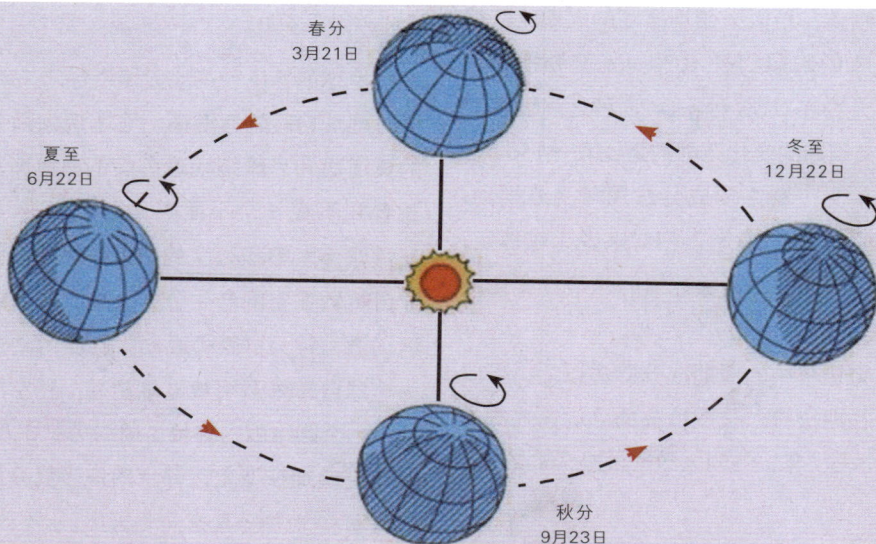

春分
3月21日

夏至
6月22日

冬至
12月22日

秋分
9月23日

秋天变快,此外还有半年周期的变化。周年变化的振幅约为 20—25 毫秒,主要是由风的季节性变化引起的。

③不规则变化。地球自转还存在着时快时慢的不规则变化。其原因尚待进一步分析研究。

地球自转减慢还与人类的活动有很大的关系,特别是人造地球卫星的发射,其反作用力让地球自转直接变慢,根据动量守恒的原理,这种因素应该是目前造成地球自转变慢的最主要原因了。所以人类为了地球的安全,发射的卫星不应该再借助地球自转的动量。

• 自转意义

1. 昼夜交替;

2. 不同地方的时间差异;

3. 物体偏向(地转偏向力);

4. 日月星辰的东升西落。

• 本体运动

地球自转轴在地球本体上的位置是经常在变动的,这种变动称为地极移动,简称极移。1765 年 L. 欧拉证明,如果没有外力的作用,刚体地球的自转轴将围绕形状轴作自由摆动,周期为 305 恒星日。1888 年人们才从纬度变化的观测中证实了极移的存在。1891 年美国的 S.C. 张德勒进一步指出,极移包括两种主要周期成分:一种是周期约 14 个月的自由摆动,又称张德勒摆动;另一种是周期为 12 个月的受迫摆动。

实际观测到的张德勒摆动就是欧拉所预言的自由摆动。但因地球不是一个

17

绝对刚体，所以张德勒摆动的周期比欧拉所预言的周期约长 40%。张德勒摆动的振幅大约在 0.06 秒—0.25 秒之间缓慢变化，其周期的变化范围约为 410—440 天。极移的另一种主要成分是周年受迫摆动，其振幅约为 0.09 秒，相对来说比较稳定，主要由于大气和两极冰雪的季节性变化所引起。

将极移中的周期成分除去以后，可以得到长期极移。长期极移的平均速度约为 0.003 秒／年，方向大致在西经 70° 左右。

• 空间运动

地球的极半径约比赤道半径短 1/300，同时地球自转的赤道面、地球绕太阳公转的黄道面和月球绕地球公转的白道面，这三者并不在一个平面内。由于这些因素，在月球、太阳和行星的引力作用下，使地球自转轴在空间产生了复杂的运动。这种运动通常称为岁差和章动。岁差运动表现为地球自转轴围绕黄道轴旋转，在空间描绘出一个圆锥面，绕行 1 周约需 2.6 万年。章动是叠加在岁差运动上的许多复杂的周期运动。地轴一直指向北极星，永不改变，在太阳轨道上，运动时间相等时，地球与太阳呈的弧形面积相等。

地球的半径和赤道周长

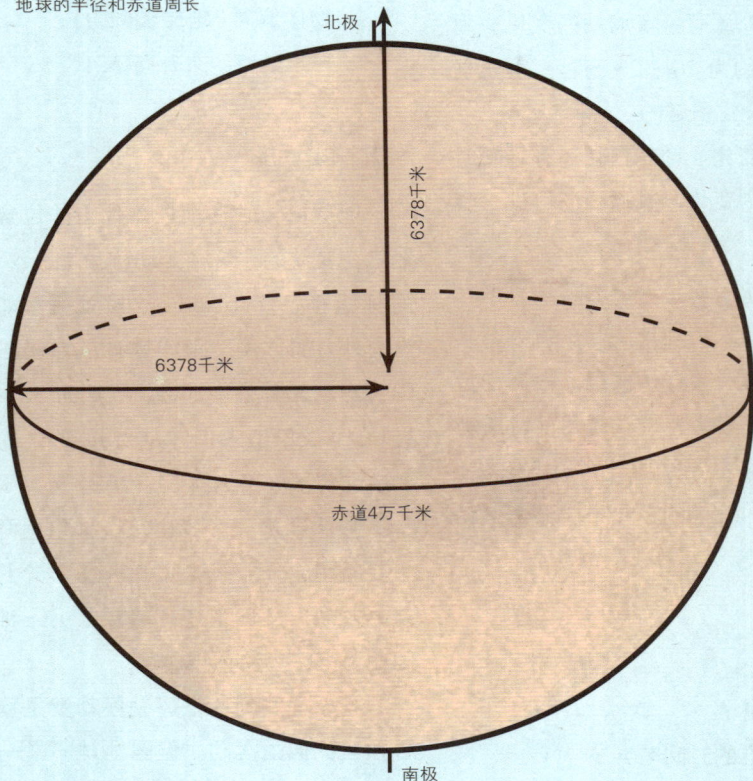

北极

6378千米

6378千米

赤道4万千米

南极

18

• 证明方法

• 炮弹法

地球时刻不停地自转，地面上水平运动的物体，必然相对地发生持续的右偏（北半球）或左偏（南半球）。根据这种现象，人们分析射出的炮弹运动的方向，就能证明地球在自转。

• 重力法

地球在时刻不停地自转，由于惯性离心力的作用，地面的重力加速度必然是赤道最小，两极最大；地球不可能是正球体，而必然是赤道略鼓，两极略扁的旋转椭球体。重力测量和弧度测量的结果，证实了这些观点的正确性，也就从一个侧面证实了地球的自转。

• 测量法

地球时刻不停自转，由于自转速度随高度而增加，物体自高处下落的过程中，

必然具有较高的向东的自转速度，而必然坠落在偏东的地点。为了证实这一点，有人曾在很深的矿井中进行试验。试验结果

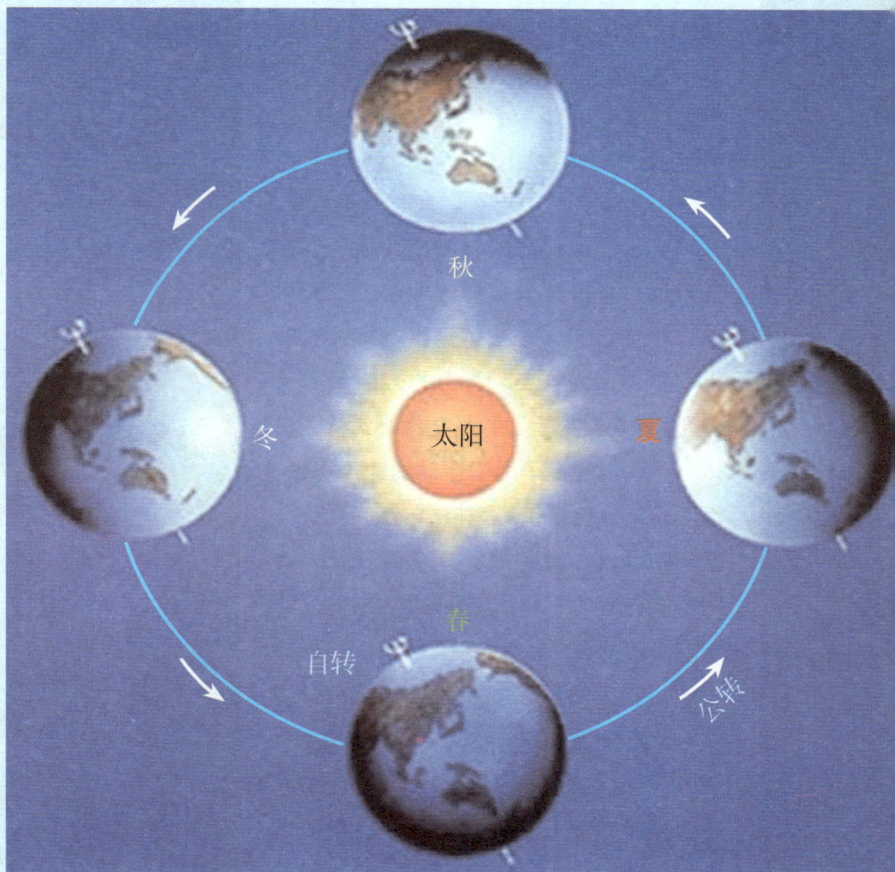

是：自井口中心下落的物体，总在一定的深度同矿井东壁相撞，从另一个侧面证实了地球的自转运动。

19

自转原因

　　假设宇宙中有以太的存在，由于以太的存在范围无限大，并且一直处于运动状态，地球及太阳均处于以太当中，地球及太阳都会受到来自以太的作用力，并且在这个力的作用下沿着以太的运动方向开始运动，而地球在受到以太的作用力时还要受到太阳的对它的吸引，在这两种起到决定性的力的作用下，地球开始自转。

　　关于地球自转的各种理论目前都还是假说。考虑地球自转的成因应该和地球公转结合起来，在宇宙中没有绝对静止的物体，受到各种外力的大质量的天体为了保持自身运动的平衡性必然依靠自转。小质量的粒子由于运动的速度极快，也必须依靠自转来维系自身运动的平衡。这一点可以参考陀螺的运动原理，自转的物体在运动中对外力的耐受性较高。

　　传统的观点认为，太阳和行星皆形成于一团巨大的原始旋转星云物质。当这些原始旋转星云物质在自身引力作用下自行收缩时，由于角动量守恒，星云物质越收缩越致密，旋转也就越来越快，当星球形成后，星云物质的旋转角动量就变成了寻求的自转角动量。首先，太阳系起源于一团星云物质，本身就是一种假说，所以上述传统的关于地球自转起源的解释也就是不确定的东西。我们不应

该把这种解释视为金科玉律。其次，这种传统解释有许多不能自圆其说的地方。按照这种观点，原始星云应是按照同一方向以基本相同的角速度旋转的，这样形成的星球则应该是质量越大，其自转速度也越快，太阳系所有的天体应该是朝同一方向公转和自转。然而，太阳系的现状却偏偏不是这样。一是太阳的质量约为行星总质量的 750 倍，占整个太阳系质量的 99% 以上，但是它的角动量只有全系统的 2%，行星的质量虽小，其角动量却很大；二是太阳系绝大多数天体是按逆时针方向旋转的（包括公转和自转），但金星和少数卫星却是按顺时针方向旋转的。

正因为传统的关于地球自转的解释有许多漏洞，所以有学者提出了一些新的解释。

美国有一位天文学家认为，原始行星不自转。太阳对原始行星的吸引使其朝太阳的一边隆起，凸出来。当原始行星绕太阳公转时，这个隆起部分偏离朝太阳的方向，但是太阳对隆起部分的吸引又把它拉回朝向太阳的方向，这样就强迫行星自转起来。当然，这位天文学家的解释也有许多问题，例如，为什么大多数行星斜着身子按逆时针自转和公转，而金星是

按顺时针自转，天王星是躺着身子自转和公转？

现代科学研究表明，行星的自转并非一成不变的。最为突出的是我们的地球，其自转有明显的波动：一年中，8 月间地球自转最快，3—4 月间自转最慢。在各个世纪和不同的年份自转也不是均匀的，如 17 世纪地球自转比较快，20 世纪 30—40 年代自转加快，60—70 年代自转减慢，到了 80—90 年代自转又加快。

地球的自转在不断地变化，这说明有一处原动力在为地球的自转加速和减速。那么，这一原动力是什么呢？

有人说，地球自转变化与南极有关。南极的巨大冰川，现在正在慢慢融化，也就是说，南极大陆的冰块在减少，重量正在减轻。这样，地球失去了平衡，影响了自转速度。但是，这种变化是单向的，它不可能既给地球自转加速，又给自转减速。

还有一种解释是：季风影响地球自转。有科学家计算过，每年由季风从大陆转移到海洋，又从海洋转移到大陆的空气，重量竟达 300 万亿吨。这么大重量的物质从地球一处转移到另一处，足可以影响地球的重心，改变地球的角动量分布，使地球自转发生加速或减速变化。

傅科和傅科摆

傅科

16世纪时，"太阳中心说"的创始人哥白尼曾依据相对运动原理提出了地球自转的理论。可从哥白尼提出这一理论后的相当长一段时间内，这一理论只能停留在让人们从主观上接受的水平，直到19世纪才被法国的一位名叫傅科的物理学家，用自己设计的一项实验所证实。

傅科是用一种特殊的摆来进行实验的。这

傅科摆

22

个摆由一根长 60 余米的纤细金属丝悬挂一个 27 千克重、直径约 30 厘米的铁球所组成。当时人们把这种从未见过的"超级摆"称之为"傅科摆"。

1851 年的一天，傅科在法国巴黎万神庙的圆顶上将亲手制作的傅科摆吊上，让摆在广场上悠然自得地摆动着。这时，成千上万人前来观看这一奇妙的实验。随着时间一分一秒地流逝，傅科发现了奇迹，那就是摆在悄悄地发生着"移动"，并且是沿顺时针方向发生旋转。有的人在摆动开始时，明明看到摆球运动到自己眼前，又荡了回去，可经过一段时间后，摆球竟离自己越来越远。这对于围观的人们来讲，傅科通过对现象的观测都得出这样的结论，眼看着自己没有移动，那一定是摆平面发生了"移动"。

其实摆动的平面是不会发生移动的。我们知道作为一种物质运动形式，摆是无法摆脱地球自转的。傅科选用较长的金属丝，是为了让摆动的时间达到足够的长度，这样便于观察摆动的变化，同时选用较重的摆球，是为了增加摆本身的惯性和动量，以克服空气的阻力，一旦它摆动起来，作为一种运动状态，有滞后于地球自转的惯性，即能够减少地球自转的影响。知道了这一点，我们就不难分析，由于地球的自转，每一个观测者都被地球带着运动，尽管观测者站在原地没有动，可脚下的地面是动了，也就等于把观测者悄悄地带离了原地。因此，真正没有移动的是摆动平面。

傅科摆的摆动作为地球自转的有力证据，现已为世界所公认。中国北京天文馆的大厅里就有一个傅科摆，一个金属球在一根系在圆穹顶上的长长细线下来回摆动着。

23

地球公转

地球公转就是地球按一定轨道围绕太阳转动。像地球的自转具有其独特规律性一样，由于太阳引力场以及自转的作用而导致地球的公转。地球的公转也有其自身的规律。地球的公转这些规律从

• 轨道方向

地球是在公转过程中，所经过的路线上的每一点都在同一个平面上，而且构成一个封闭曲线。这种地球在公转过程中所走的封闭曲线叫作地球轨道。如果我们把地球看成为一个质点的话，那么地球轨道实际上是指地心的公转轨道。

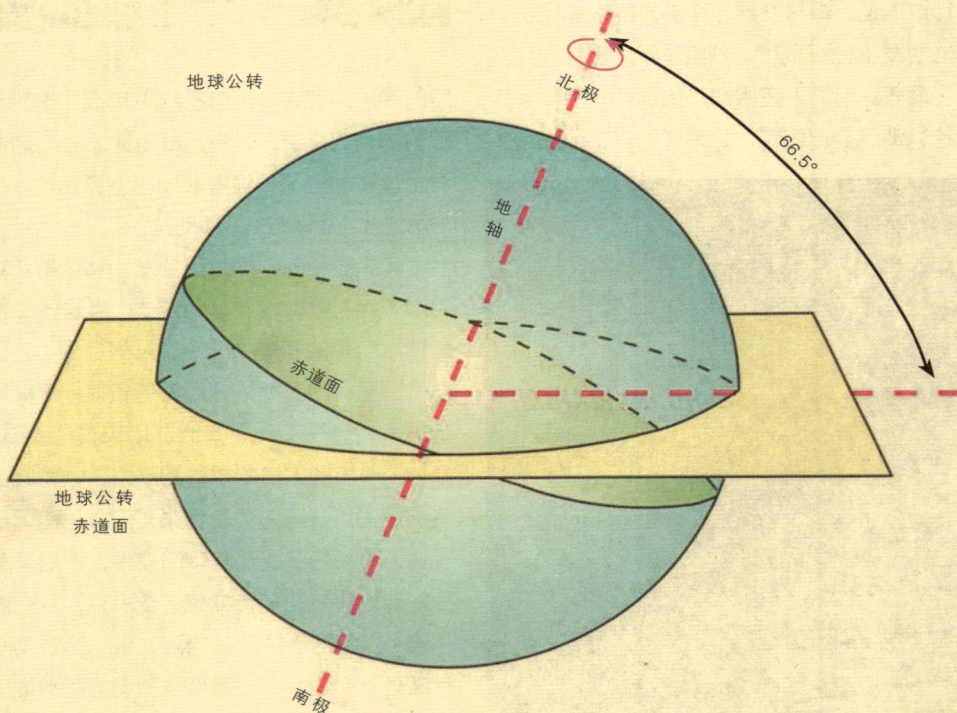

地球公转

北极

地轴

66.5°

赤道面

地球公转
赤道面

南极

地球轨道、地球轨道面、黄赤交角、地球公转的周期和地球公转速度和地球公转的效应等几个方面表现出来。

• 中心位置

严格地说，地球公转的中心位置不是太阳中心，而是地球和太阳的公共质量中心，不仅地球在绕该公共质量中心转动，而且太阳也在绕该点转动。但是，太阳是太阳系的中心天体，地球只不过是太阳系

中一颗普通的行星。太阳的质量是地球质量的 33 万倍，日地的公共质量中心离太阳中心仅 450 千米。这个距离与约为 70 万千米的太阳半径相比，实在是微不足道的，与日地 1.5 亿千米的距离相比就更小了。所以把地球公转看成是地球绕太阳（中心）的运动，与实际情况是十分接近的。

• 黄赤交角

地球在其公转轨道上的每一点都在相同的平面上，这个平面就是地球轨道面。地球轨道面在天球上表现为黄道面，同太阳周年视运动路线所在的平面在同一个平面上。地球的自转和公转是同时进行的，在天球上，自转表现为天轴和天赤道，公转表现为黄轴和黄道。天赤道在一个平面上，黄道在另外一个平面上，这两个同心的大圆所在的平面构成一个 23° 26′ 的夹角，这个夹角叫作黄赤交角。

黄赤交角的存在，实际上意味着地球在绕太阳公转过程中自转轴对地球轨道面是倾斜的。由于地轴与天赤道平面是垂直的，地轴与地球轨道面交角应是 90° −23° 26′，即 66° 34′。地球无论公转到什么位置，这个倾角是保持不变的。

在地球公转的过程中，地轴的空间指向在相当长的时期内是没有明显改变的。北极指向小熊星座 α 星，即北极星附近，这就是天北极的位置。也就是说，地球在

公转过程中地轴是平行地移动的，所以无论地球公转到什么位置，地轴与地球轨道面的夹角是不变的，黄赤交角是不变的。

黄赤交角的存在，也表明黄极与天极的偏离，即黄北极（或黄南极）与天北极（或天南极）在天球上偏离 23° 26′。

我们所见到的地球仪，自转轴多数呈倾斜状态，它与桌面（代表地球轨道面）呈 66° 34′ 的倾斜角度，而地球仪的赤道面与桌面呈 23° 26′ 的交角，这就是黄赤交角的直观体现。

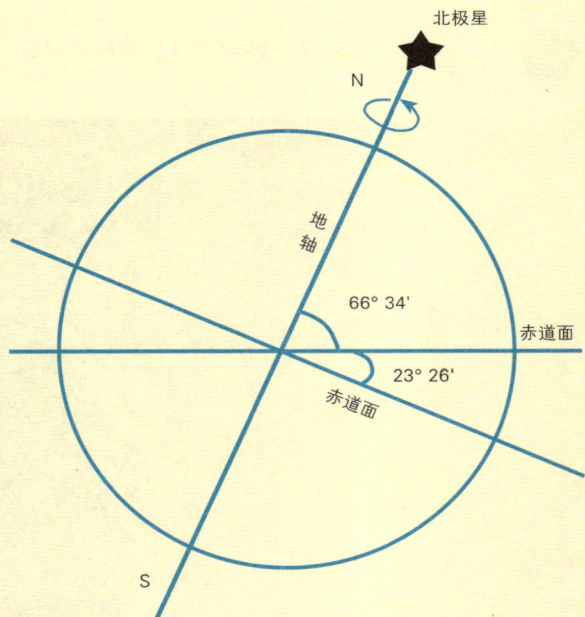

流动的时间

• 公转周期

地球绕太阳公转一周所需要的时间就是地球公转周期。笼统地说，地球公转周期是1"年"。因为太阳周年视运动的周期与地球公转周期是相同的，所以地球公转的周期可以用太阳周年视运动来测得。地球上的观测者，观测到太阳在黄道上连续经过某一点的时间间隔，就是1"年"。由于所选取的参考点不同，则"年"的长度也不同。常用的周期单位有恒星年、回归年和近点年。

• 公转速度

地球公转是一种周期性的圆周运动，

因此地球公转速度包含着角速度和线速度两个方面。如果我们采用恒星年作地球公转周期的话，那么地球公转的平均角速度就是每年360°，也就是经过365.2564日地球公转360°，即每日约0.986°，亦即每日约59′8″。地球轨道总长度是9.4亿千米，地球公转的平均线速度就是每年9.4亿千米，也就是经过365.2564日地球公转了9.4亿千米，即每秒钟29.8千米，约每秒30千米(线速度=940000000千米/365天=29.8千米(近似为30千米/秒)。

依据开普勒行星运动第二定律可知，地球公转速度与日地距离有关。地球公转的角速度和线速度都不是固定的值，随着

日地距离的变化而改变。地球在过近日点时，公转的速度快，角速度和线速度都超过它们的平均值，角速度为1°1′11″/日，线速度为30.3千米/秒；地球在过远日点时，公转的速度慢，角速度和线速度都低于它们的平均值，角速度为57′11″/日，线速度为29.3千米/秒。地球于每年1月初经过近日点，7月初经过远日点，因此从1月初到当年7月初，地球与太阳的距离逐渐加大，地球公转速度逐渐减慢，从7月初到来年1月初，地球与太阳的距离逐渐缩小，地球公转速度逐渐加快。

我们知道，春分点和秋分点对黄道是等分的，如果地球公转速度是均匀的，则视太阳由春分点运行到秋分点所需要的时间，应该与视太阳由秋分点运行到春分点所需要的时间是等长的，各为全年的一半。但是，地球公转速度是不均匀的，则走过相等距离的时间必然是不等长的。视太阳由春分点经过夏至点到秋分点，地球公转速度较慢，需要186天多，长于全年的一半，此时是北半球的夏半年和南半球的冬半年；视太阳由秋分点经过冬至点到春分点，地球公转速度较快，需要179天，短于全年的一半，此时是北半球的冬半年和南半球的夏半年。由此可见，地球公转速度的变化，是造成地球上四季不等长的根本原因。

昼夜交替 〉

地球是一个不发光且不透明的球体，同一瞬间阳光只能照亮半个球，被阳光照亮的半个地球是白昼，没有被阳光照亮的半个地球是黑夜。昼半球和夜半球的分界线（圈），叫作晨昏线（圈）。

任一瞬间，地球各地所处的昼夜状态可以用太阳高度来表达。太阳高度是太阳高度角的简称，表示太阳光线对当地地平面的倾角。在昼半球上的各地，太阳高度总是大于0度，即太阳在地平线之上；在晨昏线上的各地，太阳高度等于2

度，即太阳刚好位于地平线上；在夜半球上的各地，太阳高度总是小于0度，即太阳位于地平线之下。由于地球不停地运动，昼夜也就不断地交替。昼夜交替的周期，或太阳高度的日变化周期为24小时，叫作一太阳日。太阳日制约着人类的起居作息，因而被用来作为基本的时间单位。此外，太阳日时间不长，使整个地球表面增热和冷却不致过分剧烈，从而保证了地球上生命有机体的生存和发展。

由于地球的自转地球不同位置同一时刻的昼夜情况是不一样的，有的是正午，有的是子夜，有的正经历昼夜交替的早晨或傍晚。当某地太阳升起到一天中最高位置时，太阳只射在该地所处的经线上，这时就是当地的正午。这样确定的时间叫作地方时。经度每相差15度。地方时相差1小时。

28

由于地轴是倾斜的，所以地球上不同地区的昼夜长短是不同的。在地球的南北两极地区，太阳终年斜射，昼夜长短变化最大。南北半球的高纬度地区还会出现太阳终日不落或终日不出的现象，即一天24小时都是白天或者都是黑夜，这就是极地地区的"极昼"和"极夜"现象。在南北极点，有长达半年的极昼和极夜。

> ### 其他行星的昼夜现象

太阳系中其他行星也具有昼夜现象，形成的原理与地球相同，长度也与其自转周期近似，除了水星。水星因为自转周期（59个地球日）达到了公转周期（88个地球日）的2/3，造成自转一周后已公转2/3周，与太阳的相对角度发生明显改变，故需要自转3周后才完成一昼夜，即1昼夜为176个地球日，相当于水星自身的2个公转周期。

区时 〉

区时，是一种按全球统一的时区系统计量的时间。人为规定，在日界线西侧的东十二区在任何时刻，总是比日界线东侧的西十二区早24小时，这样东、西十二区，虽为一个时区钟点相同，但日期总是相差一天，即东十二区任何时候都比西十二区要早一天。所以，自西向东过日界线，日期要减一天；反之，自东向西过日界线，日期要加一天。为了避免日界线穿过陆地，日界线与180°经线并不完全一致，而是增加了几处曲折。

• 区时产生原因

每当太阳当头照的时候，就是中午12点钟，但不同地方看到太阳当头照的时间是不一样的。例如，上海已是中午12点时，莫斯科的居民还要经过5个小时才能看到太阳当头照；而澳大利亚的悉尼人早已是下午2点钟了。所以如果各地方都使用当地的时间标准，将会给行政管理、交通运输以及日常生活等带来很多不便。为了克服这个困难，天文学家就商量出一个解决的办法：将全世界经度每相隔15度划一个区域，这样一共有24个区域。在每个区域内都采用统一的时间标准，称为"区时"。

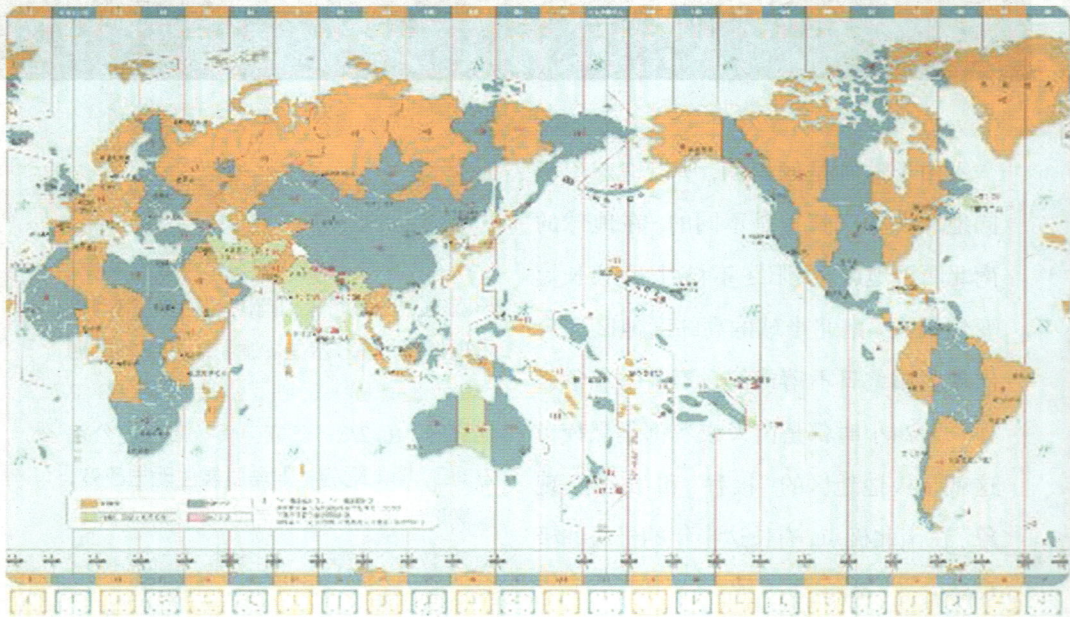

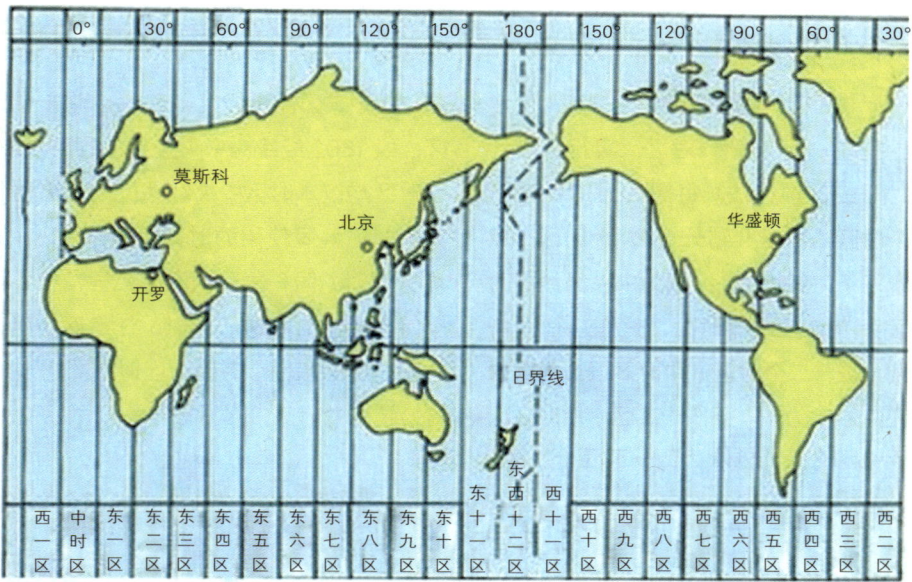

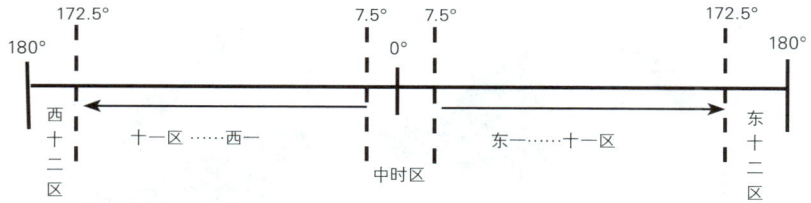

• "区时"概念的提出

1879年，加拿大铁路工程师伏列明提出了"区时"的概念，这个建议在1884年的一次国际会议上得到认同，由此正式建立了统一世界计量时刻的"区时系统"。"区时系统"规定，地球上每15°经度范围作为一个时区（即太阳1个小时内走过的经度）。这样，整个地球的表面就被划分为24个时区。各时区的"中央经线"规定为0°（即"本初子午线"）、东西经15°、东西经30°、东西经45°……直到180°经线，在每条中央经线东西两侧各7.5°范围内的所有地点，一律使用该中央经线的地方时作为标准时刻。"区时系统"在很大程度上解决了各地时刻的混乱现象，使得世界上只有24种不同时刻存在，而且由于相邻时区间的时差恰好为1个小时，这样各不同时区间的时刻换算变得极为简单。因此，100多年来，世界各地仍沿用这种区时系统。

• 区时的地理划分

1884 年国际经度会议决定，全世界按统一标准划分时区、实行分区计时。按这种办法，每隔经度 15° 为一个时区，全球共划分成 24 个时区；以本初子午线即 0° 经线为中央经线的时区为中时区或零时区，往东、往西各划分成十二个时区；中时区以东为东时区，依次为东一至东十二区；中时区以西为西时区，依次为西一至西十二区；

东、西十二区各跨经度 7.5°，合为一个时区，以 180° 经线为中央经线。同时规定，各时区均以本时区中央经线上的地方时作为全时区共同使用的时刻，称为区时，又称标准时；同一时区内区时相同，相邻两个时区的区时相差 1 小时；任意两个时区之间，中间隔几个时区，区时就相差几小时；较东的时区，区时较早。

• 国际日期变更线

地球自西向东自转，太阳每天东升西落。于是，从一个日出到下一个日出，或者从一个中午到下一个中午，这便是最初的计时单位"日"。人们"日出而作、日落而息"，一天一天地过日子、计时间，这本是很寻常的事情。可是，当麦哲伦率领的船队从事人类第一次环球航行成功之后，却带来了日期混乱的问题。水手们环球归来时，吃惊地发现，在航行中竟然丢失了整整一天的时间，船上的日期比岸上的日期落后一日。这究竟是怎么回事呢？原来问题就在于二者所计算的"日"的长度不一样。水手们驾船向西航行，与太阳东升西落的运动方向一致，每天所看到的日出或日落时间总要比头一天晚些。所以他们所计算的"日"的长度就要比岸上的长一些。这也就是说，同一段时间间隔，用不同尺度去度量，结果自然会不一样，尺度大的（船上）度量得出的结果就小些，尺度小的（岸上）度量得出的结果就大些。向东航行道理一样，不过船上的"日"的长度比岸上的要短些。日期混乱的情况还不止于此，有人以自己所在地的时间为准，推算某地的时间。当他向东和向西推算到同一地点时，其结果又刚好相差

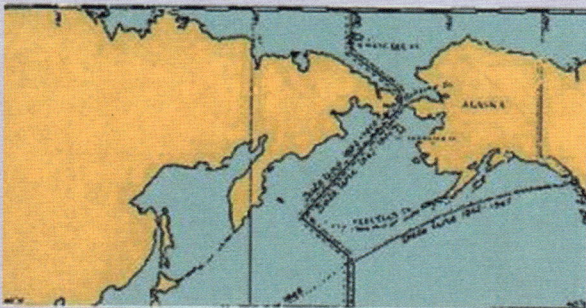

整整一天的时间。这就怪了，到底向哪个方向推出的结果才是正确的呢？大家都知道，地球自西东自转，在同一纬度上的地方东边总是先看到太阳，也就是说东边比西边的时间来得早些。但是东西方向是一个无限的方向，向东可以无止境地循环往复下去，而日的长度却是有限的。越往东时间越早，那么，什么地方时间最早呢？新的一天从哪里开始呢？这需要人为地加以规定。不然的话，就会出现前面所说的情况，向东西两个方向推算同一地点的时间，结果相差一天。更有趣的是，当你向东推算时间，绕地球一周到原来的地点时，就是第二天了，再来一周便是第三天。向西推算也可以倒退到任何一天，这岂不乱了套？于是国际上规定，原则上以180度经线作为国际日期变更线，简称日界线。地球上的一天就从这里开始，然后向西推进，绕地球一周，最后又回到日界线上结束。所以日界线两侧，钟表点相同，

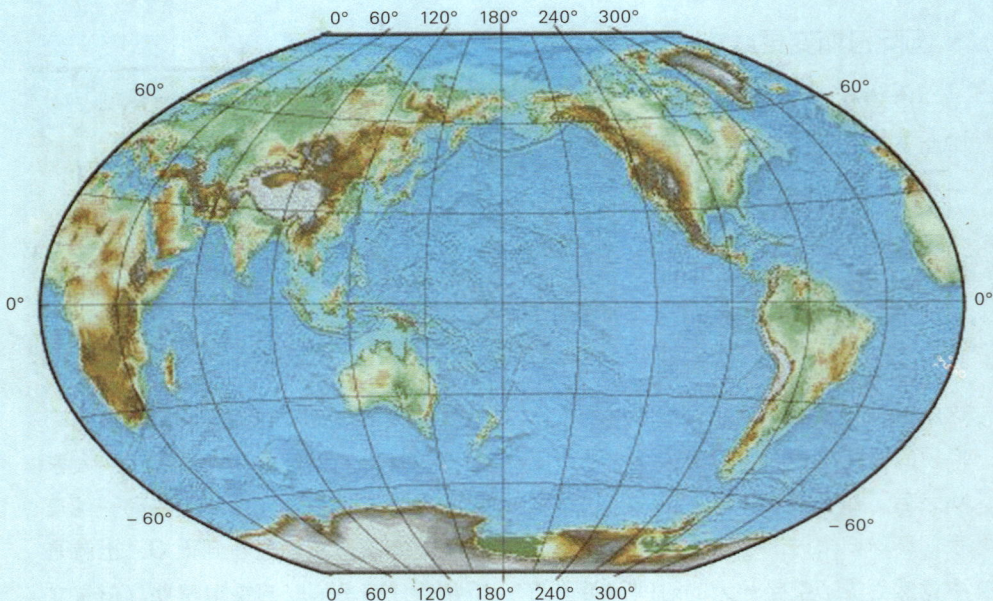

日期相差一日，西侧比东侧超前一日。为了避免在日界线附近的国家内同时使用两个日期，日界线有三处偏离180度经线，它是一条折线。此外除了用180°经线作为日界线还可以用每天的0:00作为日界线。这个是人们对于一天过去迎来新一天的定义。

有了日界线，就再也不会产生日期混乱了。

• 有关区时的国际惯例

时区的划分，完全没有考虑地球上的海陆分布和政治疆界。实际上，大多数国家都不可能正好跨一个时区。现实当中，世界各国往往根据本国的具体情况，在区时的基础上，采用一些特别的计时方法。

有些国家采用比理论时区快1小时的标准时，如法国、荷兰、比利时、西班牙都位于中时区，但采用东一区的标准时。有的国家和地区根据本国所跨的经度范围，采用半时区的标准时，其中央经线和理论时区的中央经线相差7.5°，如亚洲的伊朗（东3.5区）、阿富汗（东4.5区）、印度和斯里兰卡（东5.5区）、缅甸（东6.5区），澳大利亚中部（东9.5区），太平洋中的瑙鲁（东11.5区），北美洲的纽芬兰和南美洲的苏里南（西3.5区）。有的国家为了充分利用太阳照明，采取本国东部地区时区中央经线的地方时，如朝鲜位于东八区和东九区之间，但采用东九区的区时。还有的国家虽然领土跨度很大，但仍采用一个时区的区时作为全国统一使用的标准时间，如中国领土跨 5 个时区，为了便于不同地区的联系和协调，全国统一采用首都——北京的计时，北京时间即北京所在的东八区的区时，亦即东八区中央经线上的地方时或东经 120° 经线上的地方时，作为全国统一使用的标准时间。还有的国家，采用的时区的中央经线既不是 15 的整倍数，也不是 7.5 的整倍数，如亚洲的尼泊尔使用的时间比东六区慢 20 分钟。

• 各国法定时区的现状

1. 分区原则

这个原则适用于全球，特别是经度跨度特大的国家，使一个国家的东部和西部使用不同的标准时。事实上世界各大国一般地分成几个时区。它们的标准经度一般与理论时区相同，尽管时区间的界线是大不相同的。

2. 适中原则

领土面积较小的国家，则以全国的适中经度为法定时区的标准经度，并且按照适中经度的不同，决定采用正规时区或半时区。

3. 偏东原则

为了充分利用太阳照明，无论大国或小国，其标准经度都可以从适中经度向东偏离。例如，我国和蒙古的适中经度都是 105 度，而标准经度都是 120 度，俄罗斯按经度分成 11 个时区，每一个时区都采用东邻时区的标准时；按经度位置，东南亚的马来西亚和新加坡位于

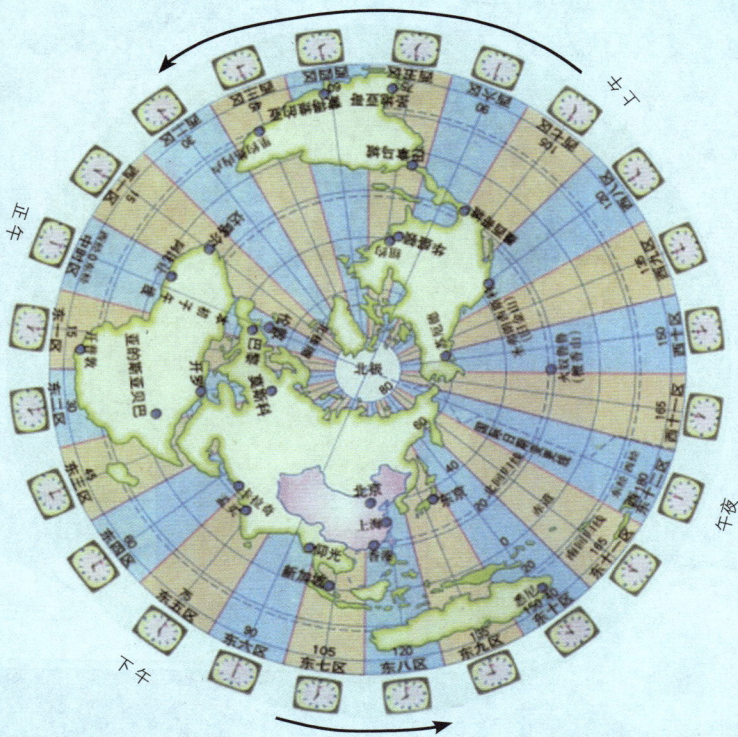

35

东七区，但使用的是东八区的标准经度。由于这个原因，地球上不但有东十二区，而且还有东十三区，却没有西十二区。可以说，全世界的法定时区系统几乎比理论时区系统向东漂移了一个时区。

4. 极区特殊原则

通常的标准时既不同于因经度而变化的地方时，又不同于全球通用的世界时，在这方面，南北极地区存在着特殊情况。这是因为，所有经线在南北两极相交，如果仍按经度划分时区，那么，钟点的进退将是极其频繁的，也是不胜其烦的。因此在南北极地区，人们与其使用因经度而不同的时间，倒不如使用全球一致的时间。但是，在乔治岛上的各国科学考察站，在南极圈以外将近 400 千米，使用西四区的标准时，即与智利相同。

• 时差的由来

各国的时间使用地方时，没有统一换算方法，给交通和通讯带来不便。（时差的意识在此前就有，只是没有形成完善制度）为了统一，世界采取了时差制度并且遵循此制度，各国时间历法都以此制度为基础。

• 不同时区的时间计算

同减异加，东加西减

"同"指同在东时区或同在西时区，则两时区相减，（例如东八区和东五区都在东时区，则 8 − 5=3。）"异"则相反。

遵循一张零时区居中的世界地图，所求时区在已知时区东边则同减异加的结果加上已知时区的时间。否则为减。

> ### 中国曾经的时区划分

中国现在采用首都北京所在的东八区的区时 ——"北京时间"作为全国统一使用时间。中华民国时期中国大陆共分5 个时区：

（1）中原时区：以东经 120 度为中央子午线。

（2）陇蜀时区：以东经 105 度为中央子午线。

（3）新藏时区：以东经 90 度为中央子午线。

（4）昆仑时区：以东经 75（82.5）度为中央子午线。

（5）长白时区：以东经 135（127.5）度为中央子午线。

1912 年，其时位于南京为中华民国时期中央气象局，将中国划分为 5 个时区，1949 年中华人民共和国成立后，这些时区在大陆不再采用。但国民党迁台后，仍维持采用1912 年的时区划分，台湾省的标准时间继续称为"中原标准时间"。中国首都北京位于东八区，东八区的标准时就是中国的标准时间。但中国的授时中心却建在全国大陆版图的几何中心点——陕西渭北。北京时间由中国科学院陕西天文台的原子钟确定，其误差率每 30 万年小于 1 秒。授时中心以 BPM 短波和 BPL 长波发出标准信号，各地的专用授时单位和广播电视系统以此为基准，校正自己的时钟后再公开向社会发布时间信息。

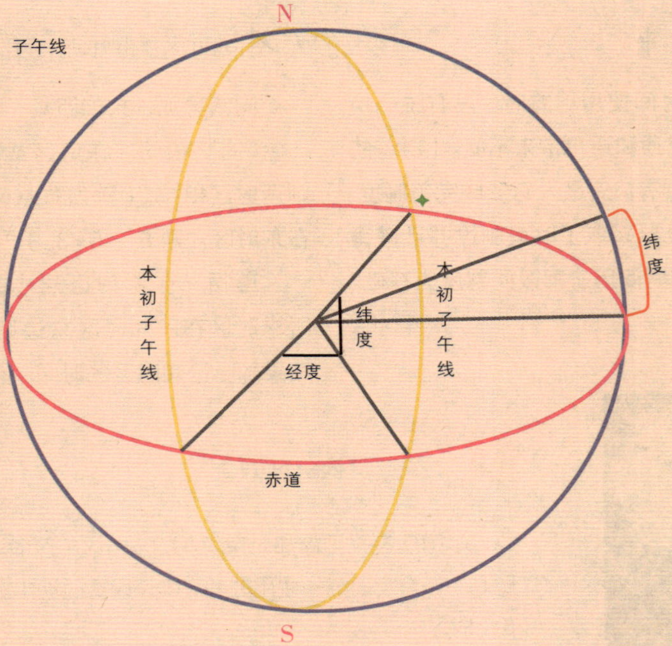

子午线与本初子午线 >

子午线也称经线，和纬线一样是人类为度量方便而假设出来的辅助线，定义为地球表面连接南北两极的大圆线上的半圆弧。任两根经线的长度相等，相交于南北两极点。每一根经线都有其相对应的数值，称为经度。经线指示南北方向。

子午线是在地面上连接两极的线，表示南北方向。经线和垂直于它的纬线构成地球上的坐标既经纬网。地球上任何一个地方的位置都可以用一条经线和纬线的交叉点来表示。所有的经线长度都相等。科学家把开始计算经度的一条经线“0度经线”叫作本初子午线，1884年的10月1日，在美国的华盛顿召开了国际会议。10月23日，大会通过一项决议向全世界各国政府正式建议，采用经过英国伦敦格林尼治天文台子午仪中心的，作为计算经度起点的本初。从0° 经线算起，向东划分0° —180°，为东经度，向西划分0° —180° 为西经度，1953年，格林尼治天文台迁移到东经0° 20′ 25″ 的地方，但全球经度仍然以原址为零点计

算。 在英国伦敦有一条本初, 0度。 本初又称"首"或"零"也就是0°经线, 是地球上计算经度的起算经线。本初制定和使用是经过变化而来的。从本初起, 分别向东和向西计量地理经度, 从0度到180度。1884年在华盛顿举行的国际会议决定, 采用通过英国伦敦格林尼治皇家天文台(旧址)埃里中星仪作为时间和经度计量的标准参考, 称为本初。1957年后格林尼治天文台迁移台址, 国际时间局利用若干天文台在赤道上定义了平均天文台经度原点, 它由这些天文台的经度采用值和测时资料归算而得。1968年起把通过国际习用原点和平均天文台经度原点的作为本初。本初是地球上的零度经线, 它是为了确定地球经度和全球时刻而采用的标准参考, 它不像纬线有自然起点——赤道。

19世纪以前, 许多国家采用通过大西洋加那利群岛耶罗岛的。那条相当于今天的西经17°39′46″经线。19世纪上半叶, 很多国家又以通过本国主要天文台的为本初。这样一来, 在世界上就同时存在几条本初, 给后来的航海及大地测量带来了诸多不便。于是1884年10月13日, 在华盛顿召开的国际天文学家代表会议决定, 以经过英国伦敦东南格林尼治的经线为本初, 作为计算地理的起点和世界标准"时区"的起点。

后来这一天便定为国际标准时间日。经度值自本初开始, 分别向东、西计量, 各自0°—180°或各自0—12时。本初以东为东经, 以西为西经, 全球经度测量均以本初与赤道的交点作为经度原点。

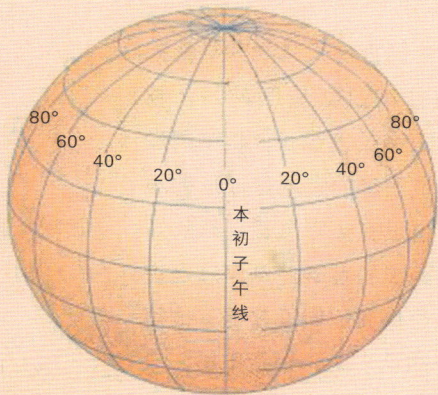

本初子午线

39

• 子午线的历史渊源

中国古代天文学家早就知道越往南日影长度越短，越往北日影长度越长，但中国没有形成明确的大地是球形的观念，也没有实际测量日影长短差与距离的准确比例，只是在大地是平面的假设前提下推得一个结论：南北相距千里，日影长度相差一寸。早在隋代大业初年（约604—607），天文学家刘焯（544—608）就对这一结论表示怀疑，他提议："请一水工（进行水平测量的工人），并解算术之士，取河（黄河）南北平地之所，可量数百里。南北使正，平地以绳。则天地无所匿其形，辰象无所逃其数。"大业三年（607），隋炀帝下令各地测影，惜因刘焯逝世而未果。100多年之后，天文大地实测工作的重大使命就落到了唐代开元年间的天文学家僧一行的身上。 僧一行（683—727），俗名张遂，魏州昌乐（河南南乐县）人，自幼刻苦好学，博览群书，因追求真理、逃避权势武三思的纠缠而赴嵩山削发为僧，人称僧一行。他于开元五年（717）到京城长安，任唐玄宗的天文顾问。此后他推广了大衍历，推广了刘焯的"关于太阳运行不等速"内插法公式，并和梁令瓒共

僧一行

同制成浑天铜仪和黄道游仪等。他使用许多新创制的天文仪器，重新测定了150多颗恒星的位置，并多次测量了二十八宿距天球北极的度数，发现前人测定的不少数据不准确。他根据自己观测的结果，推断恒星本身在天球的位置是不断变动的，从而成为世界上第一个研究恒星运动的天文学家，比英国天文学家哈雷发现恒星运动早1000多年。

南汝南）、许州扶沟（今河南扶沟）、汴州浚仪太岳台（今河南浚县）、滑州白马（今河南滑县）、太原府（今山西太原）、蔚州横野军（今河北蔚县）、阳城（今河南登封告城镇）、洛阳（今河南洛阳）等地。其中以南宫说等人在白马、浚仪、扶沟、武津一带南北四五百里的平坦地面上的测量效果最佳。他们观测了夏至、冬至和春分、秋分时的日影长度差（晷差），并实地测量

　　由于按原来的历法预报日食发生了较大误差，唐玄宗下令制定更完善的历法。僧一行决心以实地测量纠正原来历法的错讹之处，于开元十二年（724）发起并主持了历史上第一次天文大地测量工作。他选择的测量点南起林邑（位于今越南中部，约为北纬18度）、北到铁勒（今属蒙古，北纬51度），遍及安南都护府（位于今越南）、朗州武陵县（今湖南常德）、襄州（今湖北襄樊）、蔡州上蔡武津馆（今河

距离，又测出这四点的北极星高（纬度），这样就算出北极星高度相差一度，相当于纬度相差一度时，地面上南北距离的差值。僧一行的测量结果是351里80步，折合129.22千米，比今值多了18.02千米多（今值是111.2公里）。僧一行的实地测量推翻了"王畿千里，日影一寸"的错误观念。测量结果相当于获得了子午线一度弧的长度，这次测量意义特别重大，被李约瑟认为是科学史上的创举。

• 本初子午线

本初子午线，即 0 度经线，亦称格林威治子午线或格林尼治子午线，是位于英国格林尼治天文台的一条经线（亦称子午线）。本初子午线的东西两边分别定为东经和西经，于 180 度相遇。

不像纬度起点（即赤道）可以由地球自转轴决定，理论上任何一条经线都可以被定为本初子午线，故此在历史上曾对此线有不同定位。1851 年御用天文学家艾里（Sir George Airy）在格林尼治天文台设置中星仪，并以此确定格林尼治子午线。因为当时超过三分之二的船只已使用该线为参考子午线，在 1884 年于美国华盛顿特区举行的国际本初子午线大会上正式定之为经度的起点。来自 25 个国家共 41 位代表参与了会议，法国代表在投票时弃权，在 1911 年之前法国仍以巴黎子午线作为经度起点。

• 本初子午线的位置

从北极开始，本初子午线经过英国、法国、西班牙、阿尔及利亚、马里、布基纳法索、多哥和加纳共8个国家，然后直至南极。

除了定义经度，格林尼治子午线亦曾被用作时间的标准。理论上来说，格林尼治标准时间的正午是指当太阳横穿格林尼治子午线时的时间。然而因为地球自转速度并不规则，现在的标准时间已由协调世界时取代。

英国格林尼治天文台

格林尼治天文台

　　世界著名的格林尼治天文台建于1675年。当时，英国的航海事业发展很快。为了解决在海上测定经度的需要，英国当局决定在伦敦东南郊距市中心约20多千米，泰晤士河畔的皇家格林尼治花园中建立天文台。1835年以后，格林尼治天文台在杰出的天文学家埃里的领导下，得到扩充并更新了设备。他首创利用"子午环"测定格林尼治平太阳时。该台成为当时世界上测时手段较先进的天文台。随着世界航海事业的发展，许多国家先后建立天文台来测定地方时。国际上为了协调时间的计量和确定地理经度，1884年在华盛顿召开国际经度会议。会议决定以通过当时格林尼治天文台埃里中星仪所在的经线，作为全球时间和经度计量的标准参考经线，称为0°经线或本初子午线。此后，不仅各国出版的地图以这条线作为地理经度的起点，而且也都以格林尼治天文台作为"世界时区"的起点，用格林尼治的计时仪器来校准时间。

　　二战后，格林尼治地区人口剧增，工厂增加，空气污染日趋严重，尤其是夜间灯光的干扰，对星空观测极为不利。这样就迫使天文台于1948年迁往英国东南沿海的苏塞克斯郡的赫斯特蒙苏堡。这里环境优美，空气清新，观测条件好。迁到新址后的天文台仍叫英国皇家格林尼治天文台。但是，现在的格林尼治天文台并不在0°经线上，地球上的0°经线通过的仍是格林尼治天文台旧址。

43

多样的时间

授时系统 >

每当整点钟时，正在收听广播的收音机便会播出"嘟、嘟"的响声，人们便以此校对自己钟表的快慢。广播电台里的正确时间是哪里来的呢？它是由天文台精密的钟去控制的。那么天文台又是怎样知道这些精确的时间呢？我们知道，地球每天均匀转动一次，因此，天上的星星每天东升西落一次。如果把地球当作一个大钟，天空的星星就好比钟面上表示钟点的数字。星星的位置天文学家已经测定过，也就是说这只天然钟面上的钟点数是很精确知道的。天文学家的望远镜就好比钟面上的指针。在我们日常用的钟上，是指针转而钟面不动，在这里看上去则是指针"不动"，"钟面"在转动。当星星对准望远镜时，天文学家就知道正确的时间，用这个时间去校正天文台的钟。这样天文学家就可随时从天文台的钟面知道正确的时间. 然后在每天一定时间，例如，整点时，通过电台广播出去，我们就可以去校对自己的钟表，或供其他工作的需要。

天文测时所依赖的是地球自转，而地球自转的不均匀性使得天文方法所得到的时间（世界时）精度只能达到10—9，无法满足20世纪中叶社会经济各方面的需求。一种更为精确和稳定的时间标准应运而生，这就是"原子钟"。目前世界各国都采用原子钟来产生和保持标准时间，这就是"时间基准"，然后，通过各种手段和媒介将时间信号送达用户，这些手段包括：短波、长波、电话网、互联网、卫星等。这一整个工序，就称为"授时系统"。

太阳时 >

太阳时是指以太阳日为标准来计算的时间。可以分为真太阳时和平太阳时。

以真太阳日为标准来计算的叫真太阳时，日晷所表示的时间就是真太阳时。以平太阳日为标准来计算的叫平太阳时，钟表所表示的时间就是平太阳时。 实际上我们日常用的计时是平太阳时，平太阳时假设地球绕太阳是标准的圆形，一年中每天都是均匀的。北京时间是平太阳时，每天都是24小时。而如果考虑地球绕日运行的轨道是椭圆的，则地球相对于太阳的自转并不是均匀的，每天并不都是

日晷

24小时，有时候少有时候多。考虑到该因素得到的是真太阳时。

真太阳时要求每天的中午12点，太阳处在头顶最高。传统上确定时辰，需使用真太阳时，所以要把平太阳时调整为真太阳时。

真太阳日 >

我们知道，地球沿着椭圆形轨道运动的，太阳位于该椭圆的一个焦点上，因此在一年中日地距离不断改变。根据开普勒第二定律，行星在轨道上运动的方式是它和太阳所联结的直线在相同时间内所划过的面积相等，可见，地球在轨道上做的是不等速运动，这样一来，一年之内真太阳日的长度便不断改变，不易选做计时单位，于是引进平太阳的概念。天文学上假定由一个太阳（平太阳）在天赤道上（而不是在黄赤道上）作等速运行，这个假想的太阳连续两次上中天的时间间隔，叫作一个平太阳日，这也相当于把一年中真太阳日的平均称为平太阳日，并且把1/24平太阳日取为1平太阳时。通常所谓的"日"和"时"，就是平太阳日和平太阳时的简称。

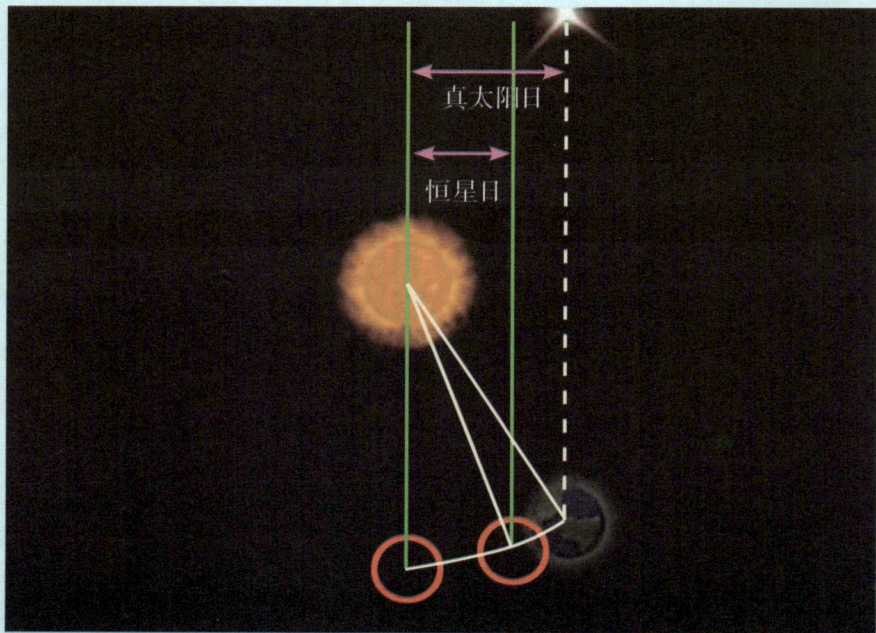

真太阳日

恒星日

• 真太阳日究竟有多长?

真太阳日是以太阳为参照系的地球的自转周期。由于地球公转的原因，真太阳日并不等于地球自转的恒星周期（恒星日），而是比恒星日约长 3 分 56 秒。又由于地球公转轨道是椭圆形的，根据开普勒定律，在近日点的公转速度快于在远日点的公转速度，因此一年之内不同时间的运动并不匀速，每个真太阳日的长短也不相等。我们在生活中通常使用的是平太阳日。

• 我国古代对真太阳日的运用

自古以来，地球的运动很自然地给人们提供了计量时间的依据，给出两种天然的时间单位，这就是日和年。"日"是指昼夜更替的周期，古时人们用圭表测日影的方法来测定日的长度，如某天正午太阳位于正南方时，表影最短，从这一时刻起算到第二天正午，太阳再次位于正南，表影最短的时间间隔就是一天，也就是一个真太阳日。

• 如何确定地球转了一圈

　　大家都知道地球自转1周为1日。可是，怎么才能确定地球已经转了一圈呢？要回答这个问题，得讲讲恒星日、真太阳日、平太阳日。

　　连接一个地方正南正北两点所得的直线为子午线，子午线和铅垂线所决定的平面是正南正北方向的子午面。某地天文子午面两次对向同一恒星的时间间隔叫作恒星日，恒星日是以恒星为参考的地球自转周期。

　　如果把时间单位，定义为某地天文子午面两次对向太阳圆面中心（即太阳圆面中心两次上中天）的时间间隔，则这个时间单位就称作真太阳日，简称真时，也叫视时。它是以太阳为参考的地球自转周期。

　　恒星日总是比真太阳日要短一些。这是因为地球离恒星非常遥远，远到从恒星上看来，地球似乎是不动的，地球的公转轨道相对于如此遥远的距离已变作一个点了。从这些遥远天体来的光线是平行的，无论地球处于公转轨道上的哪一点，某地子午面两次对向某星的时间间隔都没有变化。比较起来，太阳离地球却近多了，从地球上看，太阳沿黄道自西向东移动，一昼夜差不多移动1度。对于某地子午面来说，当完成一1恒星日后，由于太阳已经移动，地球自转也是自西向东，所以地球必须再转过一个角度，

48

太阳才再次过这个子午面，即完成了1个真太阳日。

恒星日只在天文工作中使用，实际生活中我们所用的"日"是指昼夜更替的周期，显然更接近于真太阳日。根据真太阳日制定的时间系统称为"真太阳时"。

太阳中心相继两次上中天所经历的时间。由于太阳周年视运动的不均匀性，故真太阳日的长度不一样，一年中最长和最短的太阳日约差51秒。

12小时制 >

12小时制是一个时间规则把一日24小时分为两个时段，分别为上午和下午。每个时段由12个小时构成，以数字12、1、2、3、4、5、6、7、8、9、10、11依次序表示。上午时段由午夜至中午，而下午时段由中午至午夜。

12小时制起源于埃及，然而，每个小时的长度会由于季节而不同，从黄昏到黎明12个小时，从黎明到黄昏也是12个小时长。罗马人也使用12小时制：全天平均的分为12个小时（因此一年中各天的长度是不尽相同的），夜间被分为3个小时。这是因为在水钟发明之前，人们使用太阳作为计时工具，所以没有办法准确地划分时间。

罗马人对于早上的时间计数同现在是相反的：例如，"3 a.m."，或3 hours ante meridiem意味着中午以前的第三个小时，而不是现代意义的"午夜以后的第三个小时"。

今天，12小时制仍然是大多数指针式钟表显示时间的方法，每12个小时旋转一周。对于24小时旋转一周来说，时针每小时仅仅转动了15°，这个角度太小以至于难以分辨。

尽管它在现代世界中已经广泛地被24小时制代替，尤其在书写通信中。但是，12小时制使用的a.m./p.m.形式仍然是当前在澳大利亚和美国书写和交谈时使用的主要形式。在加拿大（尤其是魁北克）、英联邦、阿尔巴尼亚、希腊和其他

英语地区，以及南美洲的西班牙语地区，12小时制常常和24小时制同时使用。缩写"a.m."和"p.m."也常常在英语和西班牙语中使用。在阿尔巴尼亚，也有意义相同的词"PD"和"MD"，在希腊则是"πμ;"和"μμ"。其他多数语言中很少有正式场合中使用"上午"和"下午"的提法，但是在民间则使用非正式的12小时制。

在埃塞俄比亚，12小时制仍然使用从黄昏到黎明记为12、1、2……10、11，然后再从黎明到黄昏记为12、1、2……10、11的记法。同其他大多数国家不同的是：每一天从黎明开始，而不是从午夜开始。

24小时制 >

24小时制，是把每日由午夜至午夜共分为24个小时，从数字0至23（24是每日完结的午夜）。这个时间记录系统是（01:23:45）。不足10的数字前面要补充一个零。这个零在小时部分并不是必须的，但却非常广泛的使在精确度高于秒

现今全世界最常用的。 美国的人们还不能习惯24小时制，这在工业化国家中是仅有的。24小时制在美国和加拿大仍然被称为军事时间，而在英国则被称作大陆时间。24小时制还是国际标准时间系统。

在24小时制时间书写的格式为"小时:分钟"（例如，01:23）"小时:分钟:秒"

的环境下，秒后可使用十进制来表示，小数点后面的部分跟在小数点或者点符号的后面，例如01:23:45.678。在24小时之中，一天开始于午夜，00:00，每天的最后一分钟开始于23:59而结束于24:00。某一天的24:00等同于其下一天的00:00。数字时钟显示从00:00到23:59，它从不会显示出24:00。这样，从23:59:59.999到

00:00:00.000就可以精确的确定新一天的开始。但是，24:00的表示方法更能明确确定一天的结束时间。

- ## 对比12小时制

  使用 12 小时制显示时间的系统通常会将中午显示为 12:00 pm，而将午夜显示为 12:00 am。

  因为设计原因，一些电子钟用"24:00:00"来表达闰秒，但闰秒的正确显示方式应是"23:59:60"。

  12 小时制和 24 小时制从上午 1:00 到下午 12:59（01:00 到 12:59）是相同的，除了在 24 小时制中没有 am/pm 标记。从下午 1:00 到下午 11:59（13:00 到 23:59）12 小时制加上 12 小时就能转换成为 24 小时制，从午夜 12:00 到午夜 12:59（00:00 到 00:59）12 小时制需要减掉 12 小时转换到 24 小时制。

24小时制的优点

24 小时制比起 12 小时制有很多优点：

不会混淆上午的时间和下午的时间（在 12 小时制中 7 点钟既可以指上午也可以指下午）。在日程表或类似的文件中，一眼就可以看清时间是上午还是下午。这对于需要全天 24 小时服务的机构尤其重要，例如航空公司、铁路和军队。

能够精确描述某一天的时间。比如："2 月 3 日午夜 12:00"就很难确定是"2 月 3 日 00:00"还是"2 月 4 日 00:00"（即"2 月 3 日 24:00"）。

• 24小时制的缺点

受到传统的行针式钟表影向,大部分人日常生活习惯上,都是使用12小时制称呼及理解时间,例如下午5:00(17:00),日常生活中,一般都是以下午5:00称呼及理解,甚少会用17:00。当使用24小时制,提及下午1:00(13:00)至下午/晚上11:59(23:59)时,大部分人都需略作思考,将之换算为12小时制,才明白所指的时间,稍为不便,甚至可能换算错误而出现误会,例如误以为18:00为下午8:00(正确为下午6:00)。

恒星年 >

地球公转的恒星周期就是恒星年。这个周期单位是以恒星为参考点而得到的。在一个恒星年期间,从太阳中心上看,地球中心从以恒星为背景的某一点出发,环绕太阳运行1周,然后回到天空中的同一点;从地球中心上看,太阳中心从黄道上某点出发,这一点相对于恒星是固定的,运行1周,然后回到黄道上的同一点。因此,从地心天球的角度来讲,一个恒星年的长度就是视太阳中心,在黄

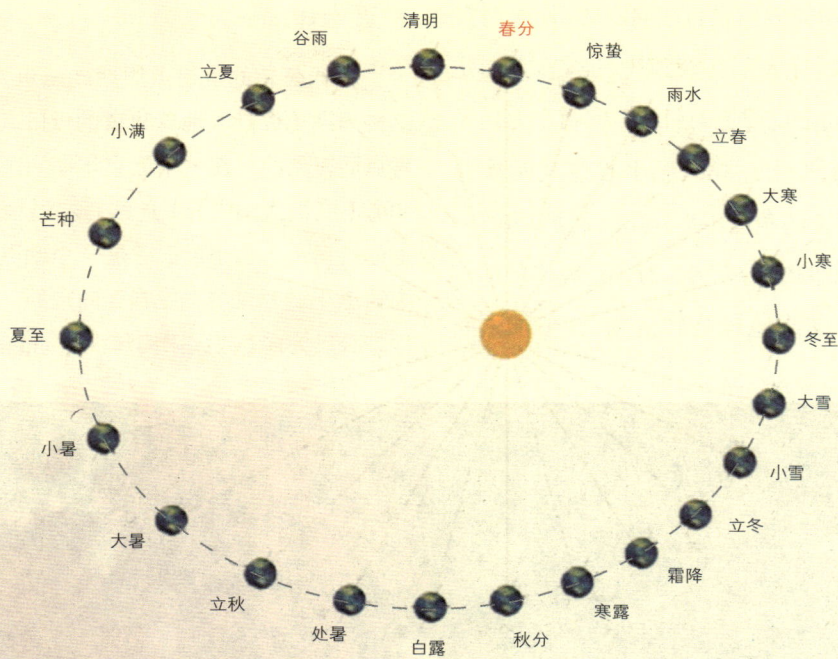

道上，连续两次通过同一恒星的时间间隔。

　　恒星年是以恒定不动的恒星为参考点而得到的，所以它是地球公转360°的时间，是地球公转的真正周期。用日的单位表示，其长度为365.2564日，即365日6小时9分10秒。

回归年 ＞

　　地球公转的春分点周期就是回归年。这种周期单位是以春分点为参考点得到的。在一个回归年期间，从太阳中心上看，地球中心连续两次过春分点；从地球中心上看，太阳中心连续两次过春分点。从地心天球的角度来讲，一个回归年的长度就是视太阳中心在黄道上，连续两次通过春分点的时间间隔。

　　春分点是黄道和天赤道的一个交点，它在黄道上的位置不是固定不变的，每年西移50″.29，也就是说春分点在以"年"为单位的时间里，是个动点，移动的方向是自东向西的，即顺时针方向。而视太阳在黄道上的运行方向是自西向东的，即逆时针的。这两个方向是相反的，所以，视太阳中心连续两次春分点所走的角度不足360°，而是360°—50″.29即359° 59′ 9″.71，这就是在一个回归年期间地球公转的角度。因此，回

• 近点年

地球公转的近日点周期就是近点年。这种周期单位是以地球轨道的近日点为参考点而得到的。在一个近点年期间，地球中心（或视太阳中心）连续两次过地球轨道的近日点。由于近日点是一个动点，它在黄道上的移动方向是自西向东的，即与地球公转方向（或太阳周年视运动的方向）

归年不是地球公转的真正周期，只表示地球公转了359° 59′ 9″.71的角度所需要的时间，用日的单位表示，其长度为365.2422日，即365日5小时48分46秒。

相同，移动的量为每年11″，所以，近点年也不是地球公转的真正周期，一个近点年地球公转的角度为360°＋11″，即360° 0′ 11″，用日的单位来表示，其长度365.2596 日，即 365 日 6 小时 13 分53 秒。

• 变化周期

只有恒星年才是地球公转的真正周期。回归年是地球寒暑变化周期，即四季变化的周期，它与人类的生活生产关系极为密切。回归年略短于恒星年，每年短 20 分 24 秒，在天文学上称为岁差。

为什么春分点每年西移 50″.29 而造成岁差现象呢？这是地轴进动的结果。

地轴的进动同地球的自转、地球的形状、黄赤交角的存在以及月球绕地球公转轨道的特征，有着密切的联系。地轴的进动类似于陀螺的旋转轴环绕铅垂线的摆动。当急转的陀螺倾斜时，旋转轴就绕着与地面垂直的轴线，画圆锥面，陀螺轴发生缓慢的晃动。这是因为地球引力有使它倾倒的趋势，而陀螺本身旋转运动的惯性

作用，又使它维持不倒，于是便在引力作用下发生缓慢的晃动。这就是陀螺的进动。

地球的自转，就好像是一个不停地旋转着的庞大无比的大"陀螺"，由于惯性作用，地球始终在不停地自转着。地球自身的形状类似于一个椭球体，赤道部分是凸出的，即有一个赤道隆起带。同时，由于黄赤交角的存在，太阳中心与地球中心的连线，不是经常通过赤道隆起带的。所以，太阳对地球的吸引力，尤其是对于赤道隆起带的吸引力，是不平衡的。另外，月球绕地球公转的轨道平面，与黄道面和天赤道面都不重合，与黄道面呈 5° 9′ 的夹角，也就是说，地球中心与月球中心的连线，也不是经常通过赤道隆起带。所以，月球

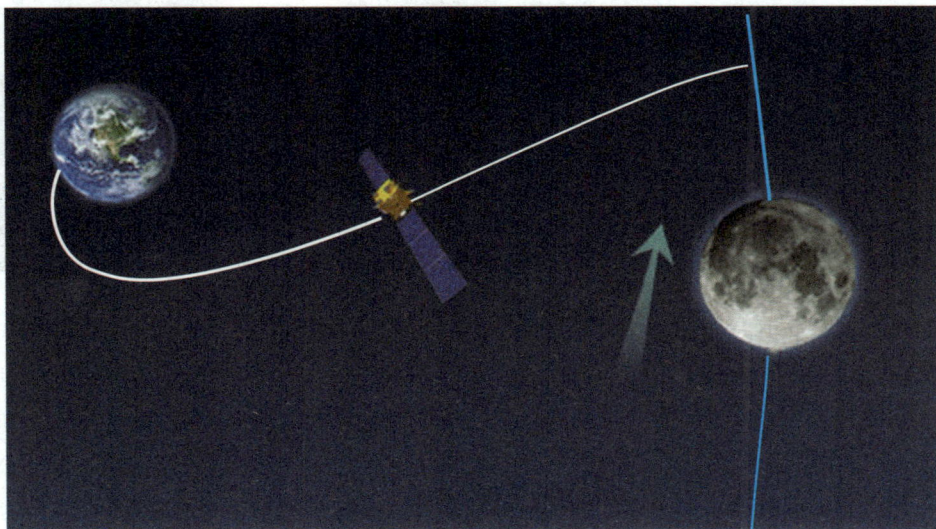

对地球的吸引力，尤其是对赤道隆起带的吸引力，也是不平衡的。据万有引力定律，F1>F2。

日月的这种不平衡吸引力，力图使赤道面与地球轨道面相重合，达到平衡状态。但是，地球自转的惯性作用使其维持这种倾斜状态。于是，地球就在月球和太阳的不平衡的吸引力共同作用下产生了摆动，这种摆动表现为地轴以黄轴为轴做周期性的圆锥运动，圆锥的半径为 23° 26′，即等于黄赤交角。地轴的这种运动，称为地轴进动。地轴进动方向为自东向西，即同

50″.29，进动的周期是 25800 年。

由于地轴的进动，造成地球赤道面在空间的倾斜方向发生了改变，引起天赤道相应的变化，致使天赤道与黄道的交点——春分点和秋分点，在黄道上相应地移动。移动的方向是自东向西的，即与地球公转方向相反，每年移动的角度为 50″.29。因此，年的长度，以春分点为参考点周期单位要比以恒定不动的恒星为参考点的周期单位略短，这就是产生岁差的原因。

由于地轴的进动，造成地球的南北两极的空间指向发生改变，使天极以 25800

地球自转和公转方向相反，而陀螺的进动方向与自转方向是一致的。

这是因为陀螺有"倾倒"的趋势，而地轴有"直立"的趋势。

地轴进动的速度非常缓慢，每年进动

年为周期绕黄极运动。所以，天北极和天南极在天球上的位置也是在缓慢地移动着。北极星在公元前 3000 年曾是天龙座 α 星，北极星在小熊座 α 星附近，到了公元 7000 年，移到仙王座 α 星附近，到公

58

元 14000 年，织女星将成为北极星。

由于地轴进动造成天极和春分点在天球上的移动，以其为依据而建立起来的天球坐标系也必然相应地变化。对赤道坐标系来说，恒星的赤经和赤纬要发生变化，对黄道坐标系来说，恒星的黄经要发生改变。但是，地轴的进动不改变黄赤交角，即地轴在进动时，地轴与地球轨道面的夹角始终是 66° 34′。

在这里还要说明一下，由于地轴进动而造成的天极、春分点的移动角度相对来讲是很微小的，在较长的时间里不会有很大的移动。所以，我们仍然可以说天极和春分点在天球上的位置不变，恒星的赤经、赤纬和黄经也可以粗略地认为是不变的，以此为依据而建立的星表、星图仍是可以长期使用的。

夏令时 〉

夏时制，又称"日光节约时制"和"夏令时间"，是一种为节约能源而人为规定地方时间的制度，在这一制度实行期间所采用的统一时间称为"夏令时

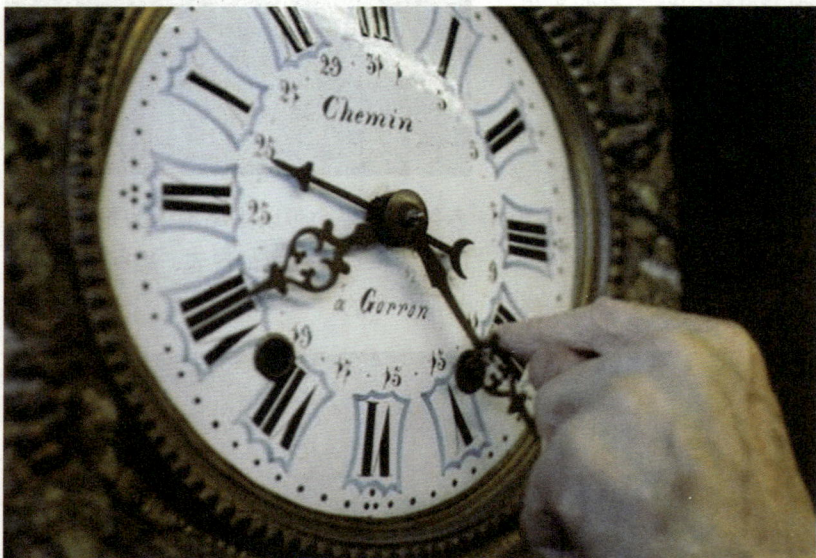

间"。一般在天亮早的夏季人为将时间提前1小时，可以使人早起早睡，减少照明量，以充分利用光照资源，从而节约照明用电。各个采纳夏时制的国家具体规定不同。目前全世界有近110个国家每年要实行夏令时。自2011年3月27日开始俄罗斯永久使用夏令时，把时间拨快1小时，不再调回。

据称最早有夏令时构思的是本杰明·富兰克林，他在任美国驻法国大使期间，由于习惯于当时美国农村贵族的早睡早起生活，早上散步时看到法国人10点才起床，夜生活过到深夜。于是他在1784年给《巴黎杂志》的编辑写了一封信，信上说法国人的生活习惯浪费了大好的阳光，建议他们早睡早起，说每年可以节约6400万磅蜡烛。但他当时并没有建议实行夏令时，只是建议人们应该早睡早起。因为当时根本还没有统一的时区划分。不过夏令时在英语里就是"节约阳光时间"的意思。

1907年，英国建筑师威廉·维莱特正式向英国议会提出夏令时的构思，主要是为了节省能源和提供更多的时间用来训练士兵，但议会经过辩论没有采纳。由

于名气不及本杰明·富兰克林，所以人们很多都将本杰明·富兰克林当作夏令时的发明者而忽略了威廉·维莱特。

1916年，德国首先实行夏令时，英国因为怕德国会从中得到更大的效益，因国不久也效仿实行。1917年，俄罗斯第一次实行了夏令时，但直到1981年才成为一项经常性的制度。1918年，参加了第一次世界大战的美国也实行了夏令时，但战后立即取消了。

1942年，第二次世界大战期间，美国又实行了夏令时，1945年战争结束后取消。1966年，美国重新实行夏令时。欧洲大部分国家从1976年，即第四次中东战争导致首次石油危机（1973年）3年后开始实行夏令时。

杰明·富兰克林

此紧跟着也采取了夏令时，夏令时节约了约15%的煤气和电力，但为了弥补损失，电力和煤气公司也将价格提高了15%。法

根据联合国欧洲经济委员会的建议，从1996年起夏令时的有效期推迟到10月份的最后一个星期日。

流动的时间

世界各国的夏令时

　　美国和墨西哥的实行与否，完全由各州各县自己决定。美国和加拿大原本于每年10月的最后一个星期日凌晨2时起实施冬令时间，4月的第一个星期日凌晨2时起恢复夏令时间。但是根据美国国会最新通过的能源法案，为加强日光节约，自2007年起延长夏令时间，开始日期从每年4月的第一个星期日，提前到3月的第二个星期日，结束日期从每年10月的最后一个星期日，延后到11月的第一个星期日。换言之，冬令时间将缩短约一个月。之所以安排在周日，是为了便于生活的调整不至于受到较大的影响。

　　欧盟国家和瑞士都是从3月最后一个星期日到10月最后一个星期日实行夏令时。在格林尼治时间3月最后一个星期日的2:00欧盟国家同时进行时间更改，根据所在时区不同，西欧时区（UTC）国家（如：英国、爱尔兰和葡萄牙）、中欧时区（UTC+1）国家（如：法国、德国和意大利）和东欧时区（UTC+2）国家（如：芬兰和希腊）的当地时间分别从02:00/03:00调整到03:00/04:00。在格林尼治时间10月的最后一个星期日03:00进行相反的调整。

加拿大从 3 月第二个星期日到 11 月第一个星期日实行夏令时，不过萨斯喀彻温省大部分地区不实行。

墨西哥从 4 月第一个星期日到 10 月最后一个星期日实行夏令时，不过在首都墨西哥城，由于市长不同意总统实行夏令时的决定，有的区服从总统实行夏令时，有的区则服从市长不实行夏令时。

新西兰由于处于南半球，所以夏季和北半球相反。它从 9 月最后一个星期日到 4 月第一个星期天实行夏令时。

澳大利亚除北部地区、昆士兰州和西澳（佩斯、珀斯、perth）之外全部实行夏令时；其余各州夏令时于 10 月的第一个周日开始，到次年 4 月的第一个周日结束。其中佩斯曾经在 2006—2009 年实行夏时制，但是佩斯人民在 2009 年全民投票，取消夏时制。

• **使用夏令时的利弊**

高纬度地区由于夏季太阳升起时间明显比冬季早，夏令时确实起到节省照明时间的作用。

不少零售商对夏令时持肯定态度。美国的糖果商院集团已经游说美国国会将夏令时延长到 11 月，因为万圣节是糖果销售最旺的季节，而家长们不希望孩子们在天黑以后还在外面游逛。有人认为夏令时对患有夜盲症的人大有好处。除了节约了电，也让人们养成了早睡早起的好习惯。

对低纬度地区，夏令时作用不大。尤其这些地方在夏天十分湿热，夜晚降临时闷热无法入眠，而清晨正是睡眠的好时间。

当夏令时开始和结束时，人们必须将所有计时仪器调快或调慢；当夏令时结束时，某些时间会在当天出现两次，这些都容易构成混乱。

夏令时违背了设定时区的原意——尽量使中午贴近太阳上中天的时间。

● 时间的单位

中国古代计时单位 〉

• 时辰

古时一天分 12 个时辰，采用地支作为时辰名称，并有古代的习惯称法。时辰的起点是午夜。顾炎武《日知录》："自汉以下。历法渐密，于是以一日分为十二时，盖不知始于何人，而至今遵而不废……然其（指杜元凯注）曰夜半者即今之所谓子时也，鸡鸣者丑也，平旦者寅也，日出者卯也，食时者辰也，隅中者巳也，日中者午也，日昳者未也，晡时者申也，日入者酉也，黄昏者戌也，人定者亥也。一日分为十二，始见于此。"

北宋时开始将每个时辰分为"初"、"正"两部分，分十二时辰为二十四，称"小时"。

地支

亥 子 丑

戌 寅

酉 卯

申 辰

未 午 巳

• 刻

　　大约西周之前，古人就把一昼夜均分为 100 刻，在漏壶箭杆上刻 100 格。折合成现代计时单位，则 1 刻等于 14 分 24 秒。"百刻制"是中国最古老、使用时间最长的计时制。

　　到了汉代，在使用"百刻制"的同时，又采用以圭表测量太阳射影长短来判断时间的"太阳方位计时"法。圭表由两部分组成：一是直立于平地上的测日影的标杆或石柱，叫作表；一为正南正北方向平放的测定表影长度的刻板，叫作圭。既然日影可以用长度单位计量，所以才有"一寸光阴一寸金"的俗语。圭表所测得的每一太阳方位，渐渐有了一个固定的名称，这就是时辰的来历。到了隋唐，"太阳方位计时"正式演变为"十二时辰计时"。"百刻制"与"十二时辰计时"并用，使得中国古代的计时制趋于完善。

　　明末清初，西方机械钟表传入中国，在采用十二时辰的同时，也兼用一天 24 小时的计时法。由于百刻制不能与 12 个时辰整除，不好计算，又先后改为 96 刻、108 刻和 120 刻。到了清代才正式规定一昼夜为 96 刻，每个时辰 8 刻，又区分为上 4 刻和下 4 刻。

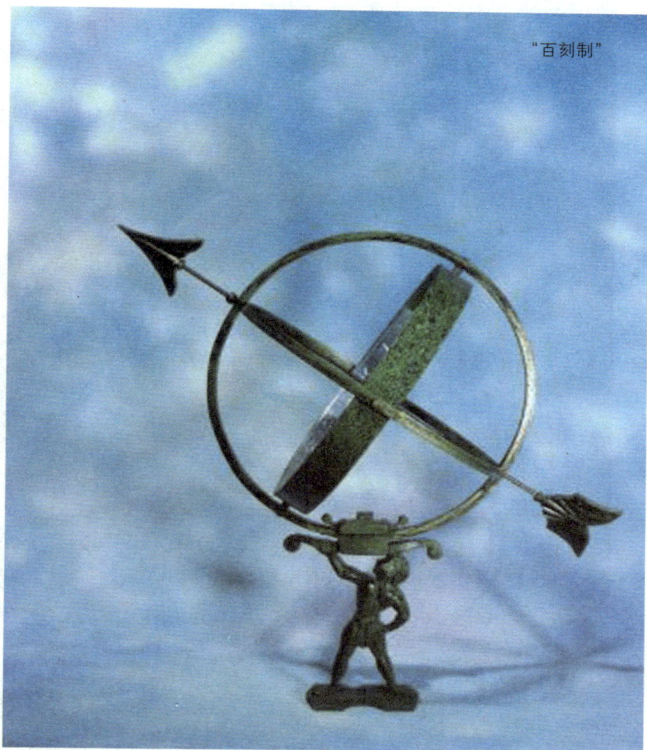

　　中国古典小说常有"午时三刻开斩"的说法，如，《西游记》第九回："却说魏征丞相在府，夜观乾象，正萩宝香，只闻得九霄鹤唳，却是天差仙使，捧玉帝金旨一道，着他午时三刻，梦斩泾河老龙。"午时三刻，按照的计时方法，是差十五分钟到正午 12 点。按阴阳家说法，此时是阳气最盛，而现代天文学认为正午最盛，两者说法略有不同。午时三刻是古代重罪犯人行斩刑的时辰，此时开刀问斩，阳气最盛，人死后的阴气会立刻消散，罪大恶

"百刻制"

65

钟鼓

极的犯人，被斩后"连鬼都不得做"，以示严惩。罪刑轻者，可在正午开刀行斩刑，让其有鬼做。所以，"午时三刻，梦斩泾河老龙"，以显示老龙罪行极重。

• 更

　　汉代皇宫中值班人员分 5 个班次，按时更换，叫"五更"，由此便把一夜分为五更，每更为一个时辰。戌时为一更，亥时为二更，子时为三更，丑时为四更，寅时为五更，其对应如下：

　　一更天：戌时　19：00 — 21：00
　　二更天：亥时　21：00 — 23：00
　　三更天：子时　23：00 — 次日01：00
　　四更天：丑时　01：00 — 03：00
　　五更天：寅时　03：00 — 05：00

　　"鼓角"、"钟鼓"都是古时用来打更的器具。

铜壶滴漏计时

星期 ＞

　　星期，又叫作周或礼拜，是古巴比伦人创造的一个时间单位，也是现在制定工作日、休息日的依据，一个星期为七天。星期在中国古称七曜。七曜在中国夏商周时期，是指日、月及五大行星等7个主要星体，是当时天文星象的重要组织成分。后来借用作7天为一周的时间单位，故称星期。

• 点

　　古代使用铜壶滴漏计时，以下漏击点为名。一更分为五点，所以，一点的长度合24分钟。如《西游记》第九回："却说那太宗梦醒后，念念在心。早已至五鼓三点，太宗设朝，聚集两班文武官员。""三更两点"就是指深夜 11：48；"五鼓三点"就是指凌晨 04：12。

• 历史起源

中国的七曜开始并未作为时间单位。在西方，古巴伦人首先使用七天为一周的时间单位，后来犹太人把它传到古埃及，又由古埃及传到罗马，公元3世纪以后，就广泛地传播到欧洲各国。作为时间单位的七曜最早在西元7世纪，伊斯兰教、基督教均按照有以星期为单位进行的宗教礼拜活动，故而在许多方言中，"礼拜"逐渐有了"星期"的含义。

星期的起源应该是联系着月亮的周期，因为7天大约是月亮一周的四分之一。

在中国上古时代，古人就以日、月与金、木、水、火、土五大行星为七曜，亦作七耀。东晋范宁《穀梁传序》中就有七曜为之"盈宿"的记载。

中国上古时代用的七曜平行拉丁语的星期，拉丁语中星期日（日曜日）为"太阳日"（dies solis），星期一（月曜日）为"月亮日"（dies lunae），星期二（火曜日）为"火星日"（dies Martis），星期三（水曜日）为"水星日"（dies Mercurii），星期四（木曜日）为"木星日"（dies Jovis），星期五（金曜日）为"金

天文星象

星日"（dies Veneris），星期六（土曜日）为"土星日"（dies Saturni）；法语直接采用拉丁语的名称，只是将星期日改为"主的日"；因为5颗行星的名称都是古罗马神话中的神的名字。英语将其中几个换成古日尔曼人神话中的神，如星期二变为日尔曼战神"提尔"的日子，星期五变为日尔曼女神"弗丽嘉"的日子，星期三变为日尔曼神"奥丁"的日子，星期四是日尔曼神"索尔"的名字；俄语和斯拉夫语言中，已变成"第一"、"第二"日……

• 古巴比伦日期创制

公元前 7 至 6 世纪，巴比伦人便有了星期制。他们把 1 个月分为 4 周，每周有 7 天，即 1 个星期。古巴比伦人建造七星坛祭祀星神。七星坛分 7 层，每层有一个星神，从上到下依此为日、月、火、水、木、金、土 7 个神。七神每周各主管一天，因此每天祭祀一个神，每天都以一个神来命名：太阳神沙马什主管星期日，称日曜日；月亮神辛主管星期一，称月曜日；火星神涅尔伽主管星期二，称火曜日；水星神纳布主管星期三，称水曜日；木星神马尔都克主管星期四，称木曜日；金星神伊什塔尔主管星期五，称金曜日；土星神尼努尔达主管星期六，称土曜日。

古巴比伦人创立的星期制，首先传到古希腊、古罗马等地。古罗马人用他们自己信仰的神的名字来命名一周 7 天：Sun's-day（太阳神日），Moon's-day（月亮神日），Mars's-day（火星神日），Mercury's-day（水星神日），Jupiter's-day（木星神日），Venus'-day（金星神日），Saturn's-day（土星神日）。这 7 个名称传到英国后，盎格鲁－撒克逊人又用他们自己的信仰的神的名字改造了其中 4 个名称，以 Tuesday、Wednesday、Thursday、Friday 分别取代 Mars's-day、Mercury's-day、Jupiter's-day、Venus'-day。Tuesday 来源于 Tiu，是

太阳神

月亮神

盎格鲁 – 撒克逊人的战神；Wednesday 来源于 Woden，是最高的神，也称主神；Thursday 来源于 Thor，是雷神；Friday 来源于 Frigg，是爱情女神。这样就形成了今天英语中的一周 7 天的名称：Sunday（太阳神日），Monday（月亮神日），Tuesday（战神日），Wednesday（主神日），Thursday（雷神日），Friday（爱神日），Saturday（土神日）。

主神

• 古中国日期创制

在我国古代，也有一种跟星期类似的表示日期的方式。在距今 3700 年前的商朝，对农历进行了修订。修订后的农历，平年 12 个月，大月 30 天，小月 29 天，闰年增加一个月。同时为了方便，把一个月分为 4 周，大月中有两周是 7 天，两周是 8 天；小月中有三周是 7 天，一周是 8 天。由于这样的周期符合月亮的圆缺变化（即朔—上弦—望—下弦—朔……），所以将其称为"星期"。

到了汉武帝时期，这样的周期被定为制定工作日、休息日的依据，并且每天也有了自己的名称。称 7 天的星期为"平周"，8 天的星期为"闰周"。"平周"前 6 天为工作日（依次称为星期一、星期二、星期三、星期四、星期五、星期六），第七天为休息日（称为星期日）；"闰周"前 6 天为工作日（名称同"平周"），后 2 天为休息日（依次称为星期日、闰星期日）。到了两晋南北朝时期，这种制度有了变动：置闰不再以月份为框架，每 3400 个星期中设 1301 个"闰周"，闰日的安排也有一定的变动，闰日放在星期几之后就叫闰星期几。在"闰周"中，若闰日是"闰星期日"则为休息日，否则为工作日。

但是到了近代，这种制度逐渐被淘汰。

70

• 标准定义

在不同地区，一星期的开始时间并不完全一致。许多英语国家、犹太教、日本是星期日，埃及人的一星期是从星期六开始的。多数欧洲国家都以星期一为一星期的第一天。而中国大陆习惯上也认为星期一是开始时间。

但越来越多的英文字典也开始以星期一定义为一星期的第一天，否则周末（weekend）这个字就很难说得通。

从宗教的观点来看，《圣经》中认为，上帝用6天创造世界万物，在第七天休息，这七天是从星期日开始的，第七天是星期六，所以犹太教以星期六为安息日；在基督教成为古罗马国教后，因为耶稣是在星期日复活的，所以将礼拜日改为星期日；伊斯兰教认为真主在第六天完成创造工作，这一天应该庆祝，所以将星期五定为重大礼拜的主麻日。

公元1年1月1日为星期一。

但无论如何，国际标准ISO 8601已将星期一定为一星期的第一天。

耶稣

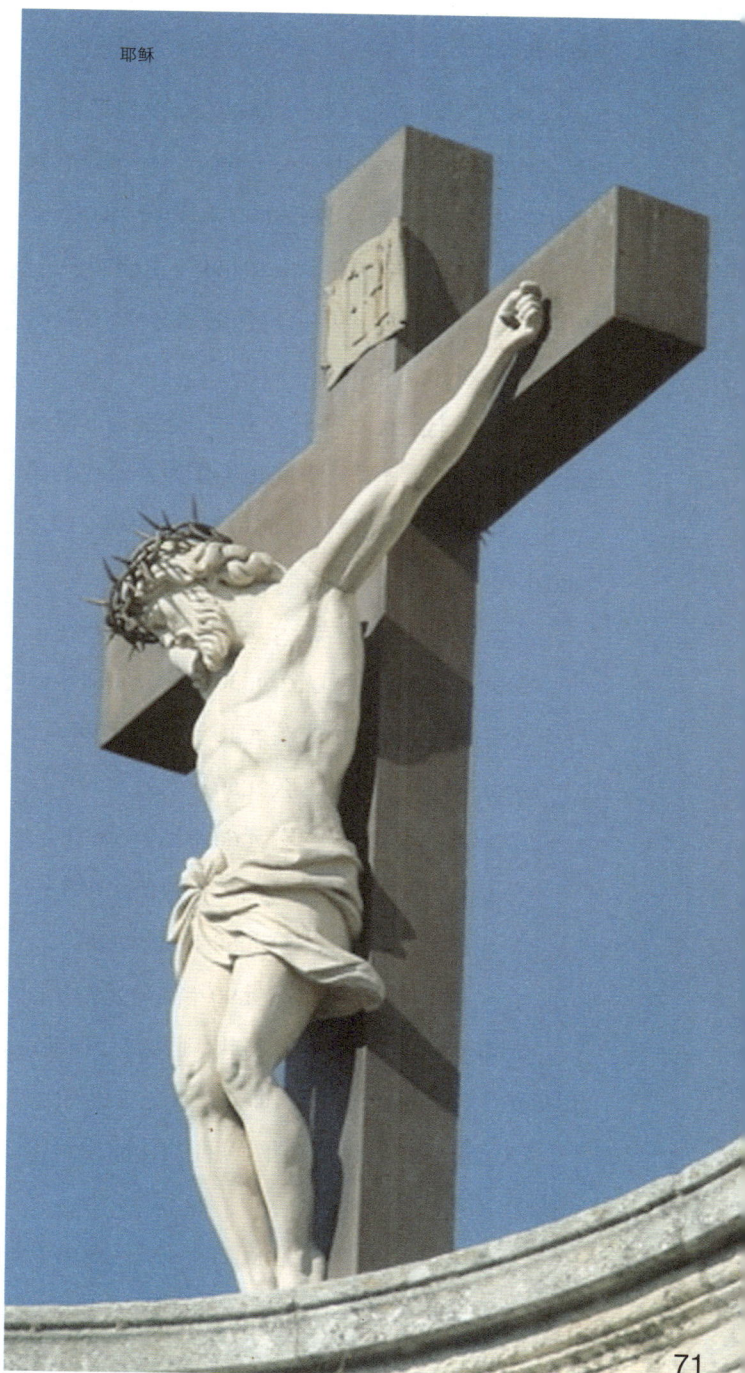

年代 ⟩

　　年代，将一个世纪以连续的10年为阶段进行划分的叫法，通常适用于公元纪年。一个世纪为100年，按每10年为一个历史时期，划分为10个年代，依次分别叫作10年代、20年代、30年代……90年代、100年代。要明白年代的划分，得首先明白世纪的划分。

　　关于年代，有两种划分方法，分别为习惯分法和标准分法。习惯分法将n0年作为某年代的第一年，如：公元某世纪初叶前10年和后10年：即公元0年到公元19年；

　　公元某世纪20年代：公元20年到公元29年；

　　公元某世纪30年代：公元30年到公元39年；

　　公元某世纪40年代：公元40年到公元49年；

　　公元某世纪50年代：公元50年到公元59年；

　　公元某世纪60年代：公元60年到公元69年；

　　公元某世纪70年代：公元70年到公元79年；

　　公元某世纪80年代：公元80年到公元89年；

　　公元某世纪90年代：公元90年到公元99年；

　　标准分法是以世纪的划分原则为统一标准，以n1年作为某年代的开始，即：

　　公元某世纪初叶前10年和后10年：即公元1年到公元20年；

　　公元某世纪20年代：公元21年到公元30年；

　　公元某世纪30年代：公元31年到公元40年；

公元某世纪40年代：公元41年到公元50年；

公元某世纪50年代：公元51年到公元60年；

公元某世纪60年代：公元61年到公元70年；

公元某世纪70年代：公元71年到公元80年；

公元某世纪80年代：公元81年到公元90年；

公元某世纪90年代：公元91年到公元00年；

其中00、01到09是没有年代的，这不必惊奇，因为"年代"作为"10年"这个概念并没有多久的历史，也没有非常权威的定义，人们用多了也就约定成俗了。那么2000年作为20世纪最后一年算哪个年代，很简单，人们用年代这个概念的时候根本就没有考虑到它，现在碰上了，大家都叫它"20世纪末年"，那它就不必规划到年代里，同时01到10年称为某世纪初，11到20年，也就是10年代通常不称为"一十年代"而称为某世纪第二个十年（貌似第一个十年只有9年，而"恰恰是这点，佐证了第二种关于世纪的跨度分法"；"也恰恰是这点，让'…十'到'…九'的划分自相矛盾。但是我们需要明白一点，大家用年代这个词时真不是把这都划分好了才用的，是用着用着出现问题了再解决的。91到100年一般又称为某世纪最后10年，或称为世纪末，这都是习惯叫法，按第二个10年的解决方法去想就对了。

世纪 〉

世纪一词来源于拉丁文，一个世纪是100年，通常是指连续的100年。当用来计算日子时，世纪通常从可以被100整除的年代或此后一年开始，例如2000年或者2001年。这种奇数的纪年法来自于耶稣纪元后，其中的1年通常表示"吾主之年"（year of our lord），因此第一世纪从公元1年到公元100年，而20世纪则从公元1901年到公元2000年，因此2001年是21世纪的第一年。不过，以前有人将公元1世纪定为99年，而现在的世纪则为100年，如果按照这种定义的话，2000年则为21世纪的第一年。

世纪圈：当一个世纪也就是100年结束之后，例如2001年，也就是21世纪的第一年，就像是转过了一圈，人们常常称之为世纪圈。

索西琴尼

儒略历 〉

儒略历是格里历的前身，由罗马共和国独裁官儒略·恺撒采纳埃及亚历山大的希腊数学家兼天文学家索西琴尼计算的历法，在公元前46年1月1日起执行，取代旧罗马历法的一种历法。一年设12个月，大小月交替，4年一闰，平年365日，闰年于2月底增加一闰日，年平均长度为365.25日。由于累积误差随着时间越来越大，1582年后被教皇格里高利十三世改善，变为格里历，即沿用至今的公历。

罗马共和国独裁官儒略·恺撒

《儒略历》——西方国家16世纪大多采用它。公元前46年，罗马统帅盖厄斯·儒略·恺撒在埃及亚历山大的希腊数学家兼天文学家索西琴尼的帮助下制订的，并在公元前46年1月1日起执行实行，取代旧罗马历法的一种历法。所以人们就把这一历法称为《儒略历》。其实儒略历是罗马唯一的日历。

• 历法算法

《儒略历》以回归年为基本单位，是一部纯粹的阳历。它将全年分设为12个月，单数月是大月，长31日，双月是小月，长为30日，只有2月平年是29日，闰年30日。每年设365日，每四年一闰，闰年366日，每年平均长度是365.25日。《儒略历》编制好后，儒略·恺撒的继承人奥古斯都又从2月减去1加到8月上（8月的拉丁名即他的名字奥古斯都）使8月变成大月，又把9月、11月改为小月，10月、12月改为大月。

《儒略历》比回归年365.2422日长0.0078日，400年要多出3.12日。从公元325年定春分为3月21日提早到了3月11日。1500年后由于误差较大，被罗马教皇格里高利十三世于1582年进行改善与修订，变为格里历，即沿用至今的世界通用的公历。

75

• 创立的动机

　　在儒略历发明之前，罗马人的纪年方法是将一年分成12月，每月29或30天，全年355天，另有包含27个日的"闰月"有时会夹在2月和3月之间，这样闰年里就会有377或378天。在这样一个历法系统里，平均下来每年有366又1/4天。本来这个历法是为了切合太阳的运行规律的，但是由于闰月的添加是罗马神官们自行决定的，所以在战争时代或者其他一些宗教活动荒废的时候会有相当长的一段时间无法宣布一年为闰年，这样一来历法就会大大偏离太阳规律。同时由于消息传播的方式并不发达，远离城邦居住的居民甚至有时并不能了解到神官发布的闰年通告，经常会导致许多人对这天的日期一无所知。

　　这个情况在恺撒当政时期变得颇为严重，因此恺撒决定进行历法改革以永久地让历法和太阳运行规律结合起来，不受宗教活动或其他人为因素的影响。

太阳历 >

　　太阳历又称为阳历，是以地球绕太阳公转的运动周期为基础而制定的历法。太阳历的历年近似等于回归年，一年12个月，这个"月"，实际上与朔望月无关。阳历的月份、日期都与太阳在黄道上的位置较好地符合，根据阳历

的日期，在一年中可以明显看出四季寒暖变化的情况；但在每个月份中，看不出月亮的朔、望、两弦。 如今世界通行的公历就是一种阳历，平年365天，闰年366天，每4年一闰，每满百年少闰一次，到第400年再闰，即每400年中有97个闰年。公历的历年平均长度与回归年只有26秒之差，要累积3300年才差1日。

• 世界通用

目前世界通行的公历，是人们最熟悉的一种阳历。这部历法浸透了人类几千年间所创造的文明，是古罗马人向埃及人学得，并随着罗马帝国的扩张和基督教的兴起而传播于世界各地。

• 古埃及的太阳历

公历最早的源头，可以追溯到古埃及的太阳历。尼罗河是埃及的命根子，正是由于计算尼罗河泛滥周期的需要，产生了古埃及的天文学和太阳历。700年前，他们观察到，天狼星第一次和太阳同时升起的那一天之后，再过五六十天，尼罗河就开始泛滥，于是他们就以这一天作为一年的开始，推算起来，这一天是 7 月 19 日。

古老的彝族太阳历

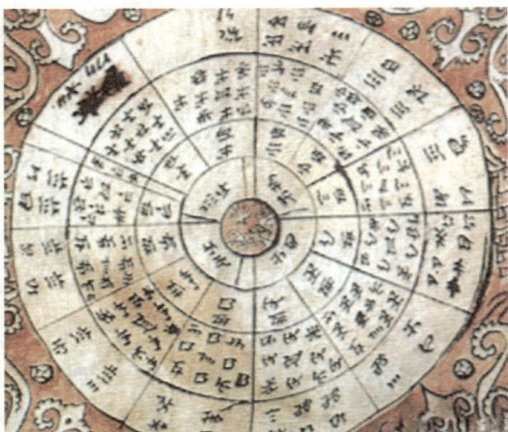

> ## 彝族的太阳历

　　彝族太阳历将一年分为 10 个月。每月以鼠日为一个月起头，12 属相循环 3 次，在猪日终结为月末，每月 36 天。一年 360 天，剩下 5 或 6 天为过年日，不计算在 10 个月之内。大年在每年夏至日，过 3 天。第一天为接祖日，第二天为祭祖日，第三天是送祖日。小年在冬至日，只过 2 天，1 天接祖，1 天送祖，闰年加祭祖日过 3 天。按照古老的彝族太阳历，一年中要过两次年。

阴历 >

阴历在天文学中主要指按月亮的月相周期来安排的历法。以月球绕行地球一周（以太阳为参照物，实际月球运行超过一周）为一月，即以朔望月作为确定历月的基础，一年为12个历月的一种历法。在农业气象学中，阴历俗称农历、殷历、古历、旧历，是指中国传统上使用的夏历。而在天文学中认为夏历实际上是一种阴阳历。

从历法的发展史来看，所有古老文化的国家如埃及、巴比伦、印度、希腊、罗马和我国，最初都是用阴历的。因为月亮的盈亏朔望周期非常明显，所以把29天或30天称为一个月，把12个月称为一年，便成为古老国家最初的年历。但是阴历一月之长，即月亮绕地球周期约为29天半；而太阳年一年之长，即地球绕日的周期约为365天又四分之一日。如以12个月

为一年，只有354天或者355天，与太阳年相差几乎11天。过10多年，就有6月降霜下雪、腊月挥扇出汗、冬夏倒置的毛病。古代国家农业慢慢地发展以后，就发现纯粹用阴历历法、月份和春、夏、秋、冬四季，农业节候配合不上，为了解决这阴、阳历的矛盾，古代有两种办法：一种办法是放弃阴历月亮盈亏作为计算月份方法，而以太阳回归年即365又四分之一天为一年，把年分为12个月，平年365天，闰年366天，4年一闰。这是公元前46年罗马所采取的办法。另一办法是找出阳历年的日数和阴历月的日数两者之间的最小公倍数，这就是我国古代颛顼历的19年7闰的办法。因为阴历的235个月的日数等于19个阳历年的日数。据日本天文学家新城新藏的考据，19年7闰的办法是我国春秋时代已经应用的。我们古代从早的颛顼历以及汉朝太初历、四分历都是依照此法安排的。这一安排虽可以调和阴阳历，不至于冬夏倒置，但平年354天，闰年384天，一年中节气仍然可以相差一个月，对于农业操作安排上仍然不够精密，所以到了战国末年又建立二十四节气，和阴历相辅而行。到了东汉时代又发现一节一气尚有

中国古代太阳历

15天多的间隔，才又创立一年七十二候。这是我们旧历发展的经过。

因朔望月较之回归年易于观测，远古的历法几乎都是阴历。因为地球绕太阳一周为365天，而12个阴历月只有约354天，所以古人以增置闰月来解决这一问题。我国的历法自古就是一种阴阳历。因为每月初一为新月，十五为圆月，易于辨识，使用方便，所以通常称这种历法为阴历。直到今天，由于历法中有节气变化，跟农业种植活动密切相关，所以"阴历"在国人尤其是农民的生活中起着举足轻重的作用。

真正意义上的阴历，就是伊斯兰历（回历）。即12个阴历月为一年，不管季节变化。阴历主要用来指导他们的宗教节日等，因此穆斯林的斋戒节有时在夏天，有时在冬天，但伊斯兰教国家另设一种阳历指导世俗生活。

所以我国的传统历法从严格意义上说不应该叫阴历，它是阴阳历。现被叫作"农历"，这是几十年前"除四旧"的结果，其实这个叫法也很不妥，它在季节上的日期游移可达一个月，并不是很适宜农业生产。准确说应该叫作"汉历"（此称呼，是根据此历是汉武帝时议造的这《汉历》规则，以及清康熙御制《汉历大全》对此历的称呼，而得出的，此历自古就称为"汉历"。）汉历运用了设置闰月和二十四节气的办法，使得历年的平均长度等于回归年，这样它就又具有了阳历的成分。这个角度上说，汉历有了其优势。它比较好地协调了太阳、月亮的周期，实现了阴阳合一，是世界上科学的天文日历之一。

嘀嗒嘀嗒——表的声音

时钟 〉

• 人类计时器/历史

如今我们只需瞧一下钟就能说出具体时间，我们把这看成是很自然的事。但在长达几千年的时间里，根本就没有任何测定时间的精确方法。人们通过太阳在天空中的位置，或者通过像日晷或沙漏这样的装置来判断时间。在沙漏中，是通过沙子从一个双头玻璃容器中漏落下来来指示时间的。

至今为止，在中国历史上有留下记载的四代计时器分别为：日晷、沙漏、机械钟、石英钟。目前在中国市场上，大多数家庭使用的普通时钟即为石英钟。

• 中国的石英钟

中国是世界上制造石英钟最多的国家，根据中国轻工部 2011 年数据，中国制造的石英钟比例，约为全球的 95%。全中国制造石英钟数量最多的省份依次为福建、广东、山东。尤其是福建，制造的石英钟数量约为全球的 80%。其中，最为有名的是鹰高电子，时尚家居类时钟占据了欧洲的大部分市场份额。据商务部统计数据，2011 年度，中国石英钟出口额约为 10 亿美元。其中，01TIME 品牌为风靡欧洲的时尚品牌。

沙漏 >

　　沙漏也叫作沙钟，是一种测量时间的装置。西方沙漏由两个玻璃球和一个狭窄的连接管道组成的。通过充满了上面的玻璃球的沙子穿过狭窄的管道流入底部玻璃球所需要的时间来对时间进行测量。一旦所有的沙子都已流到底部玻璃球，该沙漏可以被颠倒以测量时间了，一般的沙漏有一个名义上的运行时间1小时。

　　西方发现最早的沙漏大约在公元1100年，比我国的沙漏出现要晚。我国的沙漏也是古代一种计量时间的仪器。沙漏的制造原理与漏刻大体相同，它是根据流沙从一个容器漏到另一个容器的数量来计量时间。这种采用流沙代替水的方法，是因为我国北方冬天空气寒冷，水容易结冰的缘故。

　　最著名的沙漏是1360年詹希元创制的"五轮沙漏"。流沙从漏斗形的沙池流到初轮边上的沙斗里，驱动初轮，从而带动各级机械齿轮旋转。最后一级齿轮带动在水平面上旋转的中轮，中轮的轴心上有一根指针，指针则在一个有刻线的仪器圆盘上转动，以此显示时

刻，这种显示方法几乎与现代时钟的表面结构完全相同。此外，詹希元还巧妙地在中轮上添加了一个机械拨动装置，以提醒两个站在五轮沙漏上击鼓报时的木人。每到整点或一刻，两个木人便会自行出来，击鼓报告时刻。这种沙漏脱离了辅助的天文仪器，已经独立成为一种机械性的时钟结构。

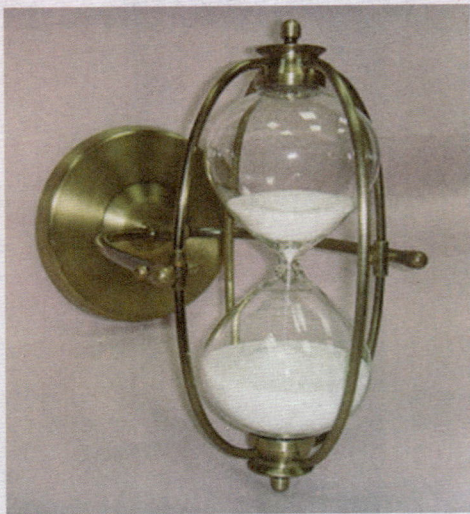

是英语船舶"香格里拉乔治"上的文员托马斯1345年的销售收据。

从15世纪起，它们在海上、在教堂里、在工业上和烹饪中被广泛应用。麦哲伦世界各地的航行期间，他的每艘船保持18沙漏。在船舶的文书工作中，运行沙漏从而为船舶的日志提供时间。

在传教士进入中国大陆之前，居住澳门的外国商人和传教士已将中世纪欧洲

• 沙漏的历史

沙漏据说是亚历山大于3世纪发明的，在那里他们有时随身携带，就像今天人们携带的手表。据推测，它在12世纪，与指南针的出现同时，作为夜晚海上航行的仪器被发明（白天，水手们可以根据太阳的高度来估算时间）。具有确切证据的发现是早于14世纪。现存的最早的记录

钟携至澳门。传教士罗明坚和利玛窦分别于1581、1582 年来华，他们不仅携带钟，而且有钟表修理匠随行。欧洲人普遍使用的沙漏、水钟（即水日晷）和重锤驱动的自鸣钟同时传入中国。沙漏传入中国后，曾在航海上用作计时器。乾隆二十三年（1758 年），周煌撰《琉球国志略》，言及从福州开船到琉球，船行"一更为六十里"，并用沙漏计时，"每二漏半有零为一更"。

• 影响因素

影响时间沙漏的因素包括：填充物的多少、玻璃球内壁的曲线形状（沙漏正置和倒置的计时长度有细微差别）、颈部管道的宽度、填充物的类型和质量。最早的沙漏曾经使用墓穴大理石研磨粉、铁屑和蛋壳粉。而现代的沙漏一般使用人工制作的玻璃珠。 根据德国沙漏制造商 KOCH 的说明，30 分钟沙漏的误差可以控制在 1 分钟以内，1 小时沙漏的误差在 5 分钟左右。足以见得它并不是可以与现代计时仪器的精度相比拟的计时仪器。

> ### 沙漏的含义

沙漏象征着爱情、友谊和幸福。这里指的是我们要永远的幸福，永远地珍惜爱情和友谊！时间在消逝，事物在变迁，岁月流逝，记忆消失，当思念已无，回忆已是奢望，遗忘的时光只会沉封于心底。

男生送女生沙漏是：等待，珍惜时间别浪费青春。

女生送喜欢的男生沙漏是：时间流逝，青春短暂，希望你去珍惜自己。

不同颜色的沙漏代表的含义是：

白色沙漏：成长的礼物，给你爱和感动。

蓝色沙漏：生命的活力，依依惜别之情。

紫色沙漏：高贵的爱情，细水长流，相伴一生。

黄色沙漏：代表着纯洁和友谊，希望时间的流逝，把纯洁和友谊藏在心底。

送沙漏表达了一种惜别之情，沙子洒落的过程也是回忆朋友之间美好片段的过程。沙漏的沙子就是朋友之间美好的回忆。

日晷 〉

日晷，又称"日规"，是我国古代利用日影测得时刻的一种计时仪器。其原理就是利用太阳投射的影子来测定并划分时刻。日晷通常由铜制的指针和石制的圆盘组成。这种利用太阳光的投影来计时的方法是人类在天文计时领域的重大发明，这项发明被人类沿用达几千年之久。

因盘面安置的方向不同，日晷可分为地平日晷、赤道日晷、立晷、斜晷。日晷的早期历史尚不清楚，最早的可靠记载是《隋书·天文志》中提到的袁充于隋开皇十四年（594）发明的短影平仪（即地平日晷）。赤道日晷的明确记载初见于南宋曾敏行《独醒杂志》卷二中提到的晷影图，但晷盘是木制的。后世改用石质晷盘，金属晷针。北京故宫等处保存的都是清代制造的石质赤道日晷。赤道日晷的晷面平行于赤道面，晷针指向南北极。

　　使用日影测时的日晷，无论是何种形式都有一根指时针，这根指时针与地平面的夹角必需与当地的地理纬度相同，并且正确地指向北极点，也就是都有一根与地球自转轴平行的指针。观察这根指针在指定区域内的投影，就能确定时间。日晷依晷面所放位置的不同，常见的日晷可分成下列几种不同的形式：

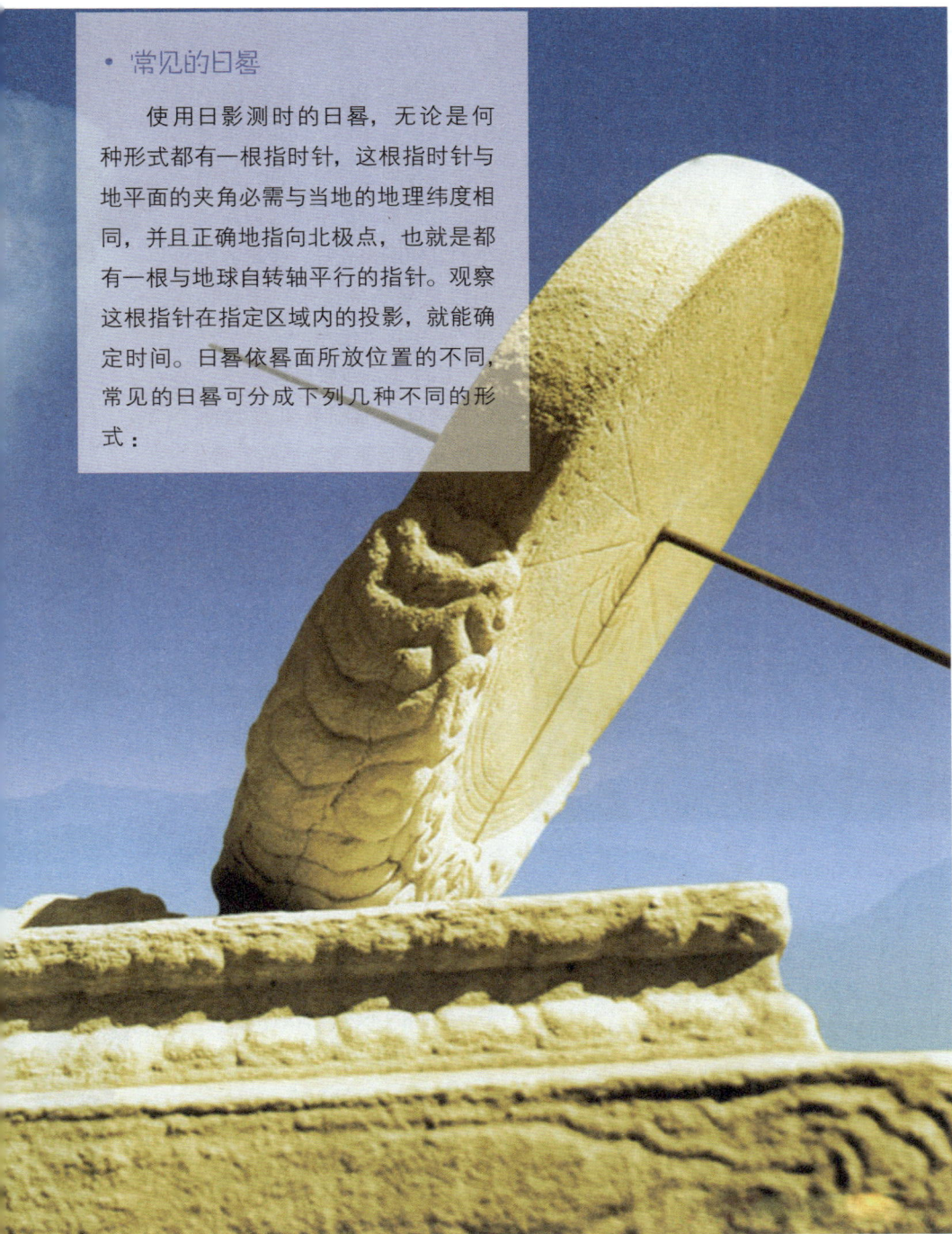

（1）水平式日晷

水平式日晷是最常用的日晷，采用水平式的刻度盘，日晷轴的倾斜度，依使用地的纬度设定，刻度需要利用三角函数计算才能确定。适合低纬度地区使用。

（2）赤道式日晷

赤道式日晷是依照使用地的纬度，将轴（指时针）朝向北极固定，观察轴投影在垂直于轴的圆盘上的刻度来判断时间的装置。盘上的刻度是等分的，夏季和冬季轴投影在圆盘上的影子会分在圆盘的北面和南面，适合中低纬度地区使用。若将圆盘改为圆环则称为赤道式罗盘日晷。

（3）极地晷

极地晷指时针投影的平面与指时针平行，即与地平面的夹角与地理纬度相同，并朝向正北。时间的刻画可以用简单的几何图来处理，投影的时间线是平行的线条。适合各种不同的纬度使用。

（4）南向垂直日晷

南向垂直日晷刻度盘面朝向正南且垂直地面的日晷。这一种日晷较适合在中纬度（30°—70°）使用。

（5）东或西向垂直式日晷

东或西向垂直式刻度盘面朝向正东或正西且垂直地面的日晷。这一种日晷只能在上半日（东向）或下半日（西向）使用，但全球各纬度都适用。

（6）侧向垂直式日晷

侧向垂直式刻度盘面采用垂直方向的日晷。这一种日晷需要依照建筑物的墙面方向换算刻度，不容易制作。依季节及时间的不同，有时不会产生影子。南向与东西垂直日晷都可视为此形的特例。

（7）投影日晷

投影日晷不设置指时针，

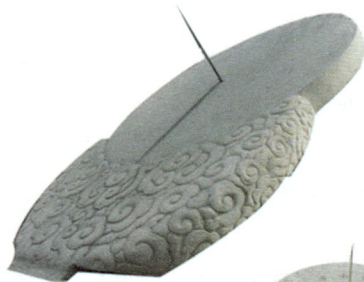

仅在地平面依地理纬度的不同绘制不同扁率的椭圆，在其上刻画时间线，并将长轴指向正东西方向，南北向的短轴上则需刻上日期，指示立竿测量时刻的正确位置。

（8）平日晷

平日晷晷面水平放置而晷针指向北极，晷面和晷针之间的夹角就是当地的地理纬度。

制作日晷时，除了指时针必须正确的安装之外，时间线的刻画也不能忽视。各形日晷时间线的刻画与日晷的地理位置，指时针的高度等，都有关系。

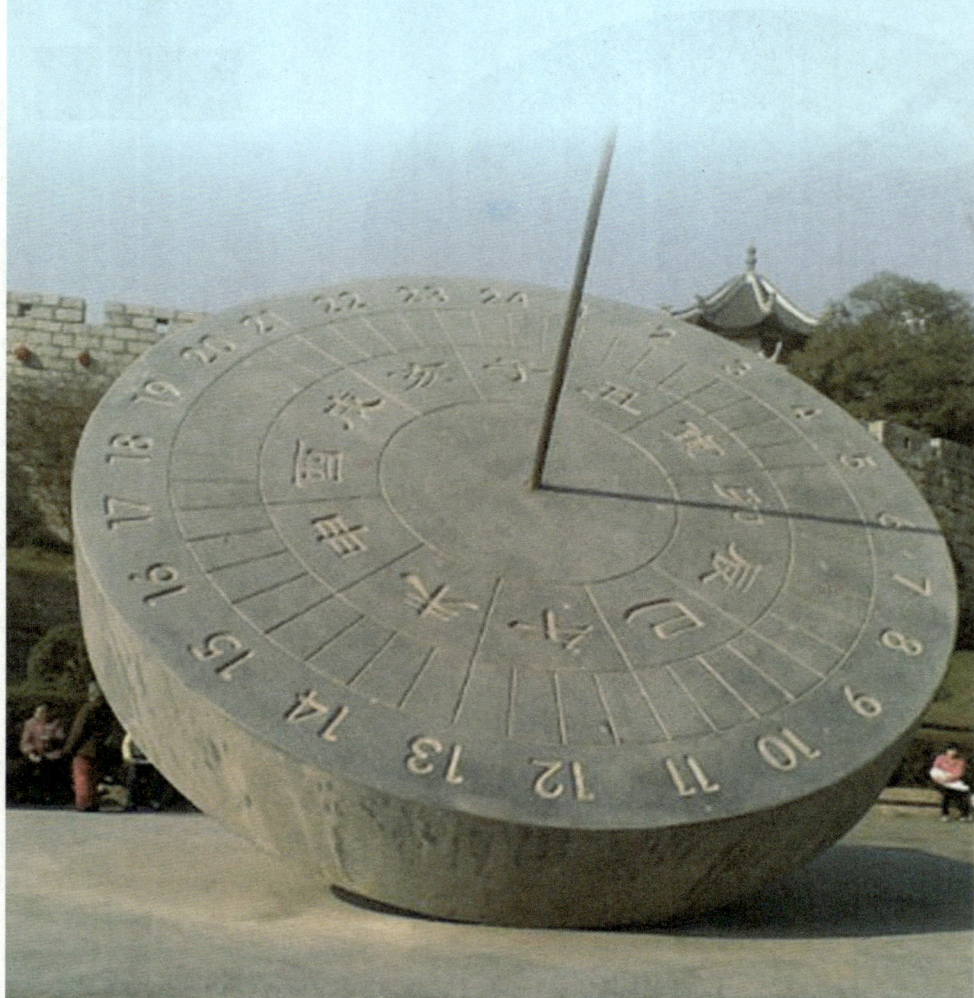

北京奥运会开幕式焰火点亮日晷

　　时钟接近 20：00，焰火在"鸟巢"上空绽放，突然，一道耀眼的焰火在体育场上方滚动，激活古老的日晷。日晷将光芒反射到 2008 面缶组成的缶阵上，和着击打声，方阵显示倒计时秒数。缶面上连续闪出巨大的 9、8、7、6、5、4、3、2、1……

　　烟花璀璨京华"大脚"大步流星，焰火组成的巨大的脚印沿着北京的中轴路穿过天安门广场直奔国家体育场而来，29 个焰火脚印，暗合 29 届奥运会，同时也有古老的中华民族正大步流星地奔向奥林匹克的意味。

手表

手表，或称为腕表，是指戴在手腕上、用以计时或显示时间的仪器。手表通常是利用皮革、橡胶、尼龙布、不锈钢等材料制成表带，将显示时间的"表头"束在手腕上。

· 手表的历史

从19世纪中期有人将计时挂表装上皮带，戴在手腕上使用开始，逐步改进、缩小体形、美化样式，发展成为手表。

世界上的第一只手表是1868年由百达翡丽制造给匈牙利的 Koscowicz 伯爵夫人的。但这种形式的钟表，在当时并不流行。

手表的普及化要推迟至 20 世纪初。在 1904 年，经营珠宝的法国商人路易斯·弗朗索瓦·卡地亚接到飞行员好友亚伯托·桑托斯·杜蒙的求助：当驾驶飞机时要把怀表从口袋里拿出来十分困难，希望他协助解决这个问题，以便在飞行途中也能看到时间。卡地亚想出了用皮带及扣，将怀表绑在手上的方法，以解决好友的难题。而这种绑在手上的怀表，就是现今的手表。

1911 年卡地亚正式将这种形式的钟表商业化，推出了著名的 Santos 手表。自此以后，手表便逐步普及。

经历一个世纪的改进，1967 年瑞士人首度将石英钟做成石英表，手表之后也由手动或自动上发条的形式发展到用石英、电子等动力显示时间，并混合了较为简单的其他功能，例如计时、月相、量度脉搏等；现代手表增加了更多复杂的功能，如 MP3、手机等形式。而部分手表亦同时变成了首饰的一种，重点已不在显示时间，而在于其设计、品牌、材质（如贵金属及钻石）等特征上。

手表的制作及生产都基于一个简单而机智的发明，这就是"弹

簧"，它能够收紧并储存能量，又能慢慢地把能量释放出来，以推动手表内的运行装置及指针，达到显示时间的功能，手表内的这种弹簧装置被称为主弹簧。手表由表头、表带（表扣）组成。 其中表头的零部件包括：机芯、表壳、底盖、镜面、字面（常说的表盘）、指针、把的（调时间的，也叫按的）。

传统的圆形表

有的计时、日历、陀飞轮及自动发条装置加以微型化装设于腕表上。1952年在美国、法国和瑞士各生产出一块电子表。1967年，纳沙泰尔的电子钟表中心开发出第一块石英手腕表，并在1970年以不同瑞士品牌的名字开始大量生产。自此，新的技术快速开发。

石英手腕表

• 手表的发展

1914年第一次世界大战爆发，各国军方意识到"免手提"腕表的重要性，这才启发了一般民众对手戴腕表的热切需求。1926年，发明了第一块自行上弦的腕表，从1960年起，传统的圆形表样普遍受到接受。瑞士对腕表进一步改进，把怀表所具

- 手表的分类

- 机械表

　　机械表是指机械式振动系统的计时仪器，如摆钟、摆轮钟等。其工作原理是利用了一个周期恒定的，持续振动的振动系统。把振动时的振动周期乘以振动次数，就等于所经过的时间，时间＝振动周期×振动次数。一般由能源、轮系、擒纵机构、振动系统、指针机构和附加机构等几部分组成。动力——发条或重锤，提供机械钟工作时的能源，通过齿轮系的增速使一次上条可连续运行多日，擒纵机构使钟表的计时频率符合人们"秒"的概念，摆舵或摆轮控制着钟表的快慢，而报时（报刻）机构则告诉人们：刚才最后一响是几点了。

- 电子表

　　电子表的基本部分由电子元件构成。电子钟表的工作原理是根据"电生磁、磁生电"的物理现象设计而成。即由电能转换为磁能，再由磁能转换为机械能，带动时分针运转，达到计时目的。

- 晶体管摆轮表

　　晶体管摆轮表就是以干电池为能源，用晶体管作为开关，摆轮游丝为振荡系统。

- 石英表

　　石英表是用"石英晶体"作为振荡器，通过电子分频去控制马达运转，带动指针，走时精度很高。

- 电子行针表

　　电子行针表即是将电子机芯与石英机

芯组合而成的，既有电子显示又有表针行走指示的手表。

- **光波表**

光动能电波表简称光波表，通过手表内置的电波接收器和天线，接收由发射塔发出的"标准时间"电波，获取时刻和日历等数据，自动校正手表的时间和日期。标准时间信号采用的是高精度铯原子手表的理论，10万年误差1秒。西铁城的电波手表全部采用光动能技术，利用任何可见光源作为能源驱动。只要有光就有能量，只要能接收到电波就永远不会有误差。

- **电子纸手表**

电子纸手表是内部装配有电子纸显示屏的手表，其可以显示时间、星期、日期。目前实现电子纸技术途径主要包括液晶显示技术、电泳显示技术（EPD）以及电润湿显示技术等。而应用于电子纸手表的电子纸主要采用电泳显示技术。电子纸手表的显示亮度及对比度高，完全不需要采用背光方式来提高可读性。电子纸手表采用的电子纸显示，硬件结构简单，厚度可达1mm左右，是手表大军里的新生力量。

- **潜水表**

潜水表顾名思义指的是经过防水处理、供潜水使用的手表。一般的防水表并不能用以潜水，潜水表一定要符合严格的规定，并非防水性够强就能叫作潜水表。潜水表标准防水性能至少达到200米水深的标准；表圈上有一可以单方向旋转的

99

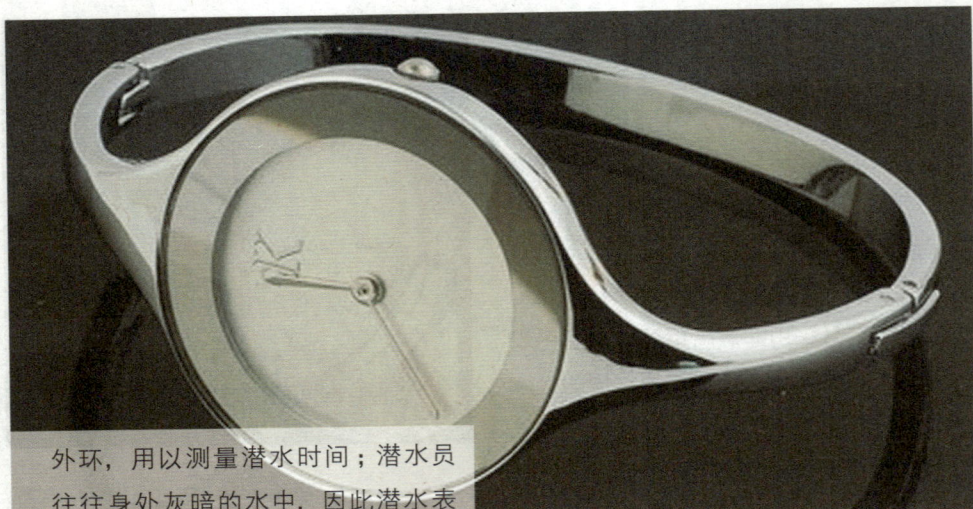

手镯表

外环，用以测量潜水时间；潜水员往往身处灰暗的水中，因此潜水表的指针、刻度或表面通常须涂有荧光材料，才能让使用者读取时间更为简易。常见潜水表的品牌有：劳力士、芬兰颂拓元素系列水灵潜水表、

飞行表

欧米茄海马 Ploprof 系列潜水表、豪雅竞潜系列、万国表海洋时计系列、Blansacar 超级潜艇系列等等。

手表之最

世界第一座时钟：中国宋朝水钟（水运仪象台），1088 年。入选中国世界纪录协会世界最早的时钟世界纪录。

世界第一只有名字的怀表：德国纽伦堡的"纽伦堡蛋"，1564 年。

世界第一只手表：pp 表厂为匈牙利王族夫人所制造的手镯表，1868 年。

世界第一只飞行表：卡地亚山多士 SANTOS 飞行表（亦是最早的皮带表），1904 年。

世界第一只登月表：欧米茄超霸手上链计时码表，1969 年。

世界第一只自动上链表：夏活 HARWOOD(英国人 John. Harwood)，1923 年。

世界第一只防水表：劳力士蚝式型 OYSTER 手表，1926 年。

世界第一只有摆轮的电子表：汉弥顿 Ventura 奇形电子表，1957 年。

世界第一只石英表：精工 SEIKO QUARTZ ASTRON，1969 年。

世界第一只光动能表：星辰 Eco-Drive 表，1976 年。

世界第一只动能表：珍达翡 Jean D' Eve Samara 1988 年。

世界第一只动能计时码表：SEIKO Kinetic Chronograph，1998 年。

世界第一只横越大西洋的手表：浪琴林白飞行表 Hour Angle Watch 1927 年。

世界第一只最有名气的闹铃表：积家 Memovax，1950 年。

世界第一只可以翻转表面的手表：积家 蕾葳索 Reverso 1931 年。

世界第一只最复杂的怀表：PP Cal.89 怀表具 33 种功能)，1989 年。

世界第一只大日历窗表：IWC Pallweber 怀表，1885 年。

世界第一只 36000 次振频手表：芝柏 HF 手表，1966 年。

世界第一只 36000 次振频自动

欧米茄超霸手上链计时码表

翻转表面的手表

上链计时码表：ZENITH El Primero，1969 年。

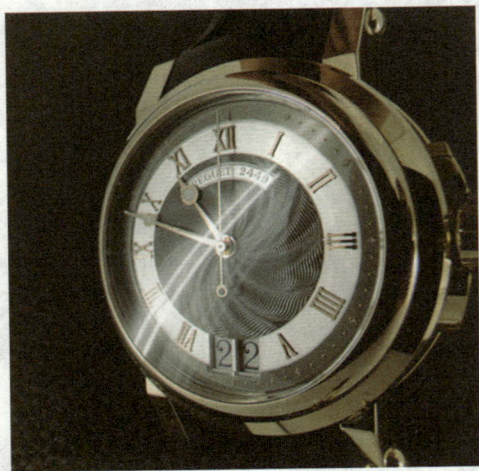

世界第一只陀飞轮怀表：宝玑 Breguet 怀表，在 1795 年研制成功，1807 年批量生产。

世界第一只三金桥陀飞轮怀表：芝柏三金桥怀表，1860 年。

世界第一只三金桥陀飞轮手表：芝柏三金桥手表（机芯直径 28.6mm），1991 年。

世界第一只女用三金桥陀飞轮表：芝柏三金桥迷你手表（机芯直径 27mm），1998 年。

世界第一只飞行陀飞轮表：A.Lange & Sohne，1930 年。

世界第一只超薄自动上链陀飞轮手表：
AP 陀飞轮机制位于 11 点钟位置的手表，
1986 年。

世界第一只最薄的怀表机芯：AP(1.32mm)，
1892 年。

世界第一只最薄的手表机芯：AP(1.64mm)，
1946 年。

世界第一只最薄的自动上链机芯：AP(2.45mm)，
1967 年。

世界第一只防水最深的手表：SINN 403
Hydro(12000 米)，1998 年。

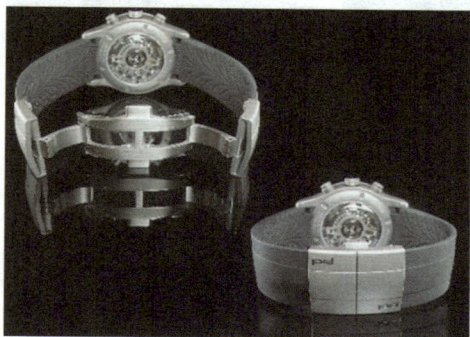

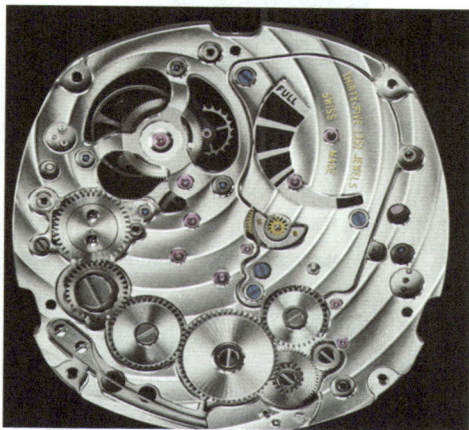

世界第一只钛金属手表：Porsche
Design，1973 年。

世界第一只镂空手表：AP 方形镂空表，
1934 年。

长方形跳时三问报时手表

世界第一只长方形跳时三问报时手表：AP Jumping Hour 三问手表，1992 年。

世界第一只最小的三问报时手表：AP 女用三问钟乐报时手表（机芯直径 22.3mm），1998 年。

世界第一只八天储能陀飞轮手表：BLANCPAIN 陀飞轮手表，1989 年。

世界第一只春宫三问报时手表：BLANCPAIN 金雕或彩绘三问手表，1989 年（春宫表又称激情表或风月表）。

世界第一只最薄的手表：君皇 CONCORD Delirium 4(0.98mm)，1981 年。

世界第一只号称最坚硬的手表：RADO 概念一号 Concept 1，1996 年。

最坚硬的手表

八天储能陀飞轮手表

• 制表业的杰作

在制表工艺 400 年来的历史中，制表大师们创造了六大经典杰作，其制作均需卓越的知识，技术的完全掌握，而且复杂度及困难度更随着以下所列的经典杰作顺序而提高。其他厂牌或许曾在这六大经典杰作中制造过一两款，而在 1988 年，Blancpain 决定要通过制表艺术的所有"考验"，同时推出六大经典杰作，以展示可以随时制造各种经典杰作的能力，并接受制表者所能想象的最艰困的挑战。

制表师傅创造这六大经典杰作时碰到什么困难？

第一件经典杰作是超薄表。

制作相当困难，因为超薄即表示超精致。基本上，表芯愈薄，所需要的技术掌握能力和灵巧性愈高。由于空间极小，制表师傅必须非常灵巧，才能完成第一项杰作。除了准确性外，超薄表亦须绝对的清洁性，一粒最小的灰尘就会卡住整个机械，而差一点点机油就会让表芯停摆。

第二件经典杰作是超薄加上月份、日期、星期和月相盈亏显示。

四项显示需要增设一些以齿轮、星轮和跳杆所组成的架构，让每一项资料能在适当的时间更新。例如，显示星期的转盘是一个七点式的星轮，称为周历轮，每 24 小时前进一齿。日期显示也是如此，具有 31 个齿。月相盈亏显示器是以相当于两个满月周期（每一周期 29.5 天）的 59 齿

的星轮推动。这项经典杰作的精华在于这些齿轮的独立运转，而又能彼此配合，展示互相关联的和谐。

月相表也因而成了 Blancpain 再生的象征。他们的制表师傅 Charles-Andre Piguet 从头开始参与开发工作，翻遍他深层的记忆。由于没有设计图，他以传统方法重制一个，再绘制设计图，建立档案和工具，而后再以今天的半工业法组织此款式腕表的制程。这款月相表在 1984 年上市时，是全球最小的月表。

第三件经典杰作是万年历表。

具有闰年处理能力，每隔 4 年会显示一次 2 月 29 日，同时具有判断当月是 30 天或 31 天的能力。实际上，此万年历表之日期计算能力是无期限的，全在其记忆置中。制表师傅为使这款腕表尽善尽美，也使用了业界首创的卫星轮（或 12' 或 48' 凸轮）。如同月球是地球的卫星，此卫星轮甚至当靠在转轮上时，也沿其本身的轴旋转。此卫星轮只有一个齿和 3 个平滑区，每 4 年旋转一圈，其中 3 年不会发生任何变化，但每隔 4 年就会由这个唯一的齿触推动一个装置，让它显示闰年的 2 月 29 日。这种装置即为闰年记忆装置，让腕表配备闰年调整功能，再次证明了制表师傅的才华。

第四项经典杰作是双秒追针计时器。

制表师傅在 19 世纪末发明了机械离合器，再一次领先全球业者。这种精巧的

离合器也被汽车工业采用。双秒针计时器可测量竞跑者的跑步时间，也可以利用两支不同的指针、即标准计时指针和双秒针，同时测量两位同时起跑者的跑步时间。竞跑时，按下计时器的第一个按钮，两支完全不同的指针就开始计时。第一位跑者通过时，按第二按钮立即停住双秒针，读取跑步时间，而标准计时指针继续行走。计时员读取跑步时间后，即可按第二按钮使双秒针回到原位，双秒针在瞬间之内回到计时位置，可再次用于计时功能。

制表师的这项成就再一次展示他们不怕挑战、有能力发明功能更复杂、更精确的机械。停止一支指针而不会停止腕表的运作，在过去是完全不可能的任务。同样地，双秒针之再进入表芯，和行走中的标准计时指针同步计时，也是非凡的成就。万年历表内所使用的机械式记忆，也同样巧夺天工。

第五项经典杰作是极度准确的巅峰之作 Tourbillon。

消除了地心引力对机械式腕表的影响。腕表本身以地心引力上链，更以地心引力增进其性能！原理非常简单。表芯内有一片可在限定范围内自由运动的金属块。地心引力将它向下拉动时，此金属块使能量回收系统动作，回收此过程中所产生的机械能，贮存在一条弹簧中，作为指针行走的动力。视腕表在手腕上的位置而定，地心引力对负责腕表嘀嗒摆动的摆轮多少

107

三问报时表

会产生一些影响，因而视摆轮朝上或朝下而定，表芯的规律性会受影响。

因而，制表师发明了擒纵装置，抵消地心引力所形成的误差。简而言之，擒纵装置朝地心旋转时，由于地心引力对擒纵装置的影响，节奏会变快。反之，如果它朝离开地球方向旋转，则会产生对等的相反误差，而由计时器自行修正。这是一项创新之举，腕表的能量不但用于旋转指针，还能提高腕表的准确性。以这种陀飞轮，机械式腕表避免了地心引力所造成的误差。不论配载者的姿势如何，腕表都以相同的规律精准地运转。

当然，最后一项经典杰作是最艰难的作品：三问报时表。

此制表工业的登峰造极之作，能报出时分，让你在各种环境下，例如在夜间可以"听到"当时的时间，而不必"看"表。到底机械式腕表是如何以声音报时报分的呢？

时钟以声音报时、刻及半小时。而三问表更为出色，以声音准确地表示时和分。以1点47分为例，启动报时装置时，就可听见一声"叮"表示一点，然后三声另一种"叮"声，每一个叮声代表一刻钟，随后是两个短促的"叮"声，表示1点45分再加两分钟。这三种不同的声音让你知道时刻和分钟。此外，它特别分成两种音调：高音及低音。低音代表时、高音代表分，而刻则以这两种音调之综合表示。

真正令人诧异的是：为了达成这项结果，制表师傅在腕表内容许某种分裂。腕表运转、持续地显示时间时，表壳内产生表芯功能的某种重现，在腕表主人按下按钮时，它以感应器读取当时的确实资讯，并以机械式储存此资讯，再将此资讯传输至报时系统。此腕表以声音报知时、刻、分所需时间约 1 分钟，而在此同时，腕表持续地运转。报时声音停止时，表芯停止其附属功能，恢复正常运转。然而，制表师傅并不以此项成就为满足，他们把所有情况都列入考虑。例如在 59 分的特殊情况下，分钟之报时声音会"太晚"出现，因而他们发明了一种精妙无比的装置，称为"诧异"，在时间变化造成报时不正确时，立即中断报时音响。这种复杂的功能和尽善尽美性，足以证明高阶腕表的制造已超越了工业的范畴，达到了艺术的境界。

水钟 >

水钟在中国又叫作"刻漏","漏壶"。根据等时性原理滴水记时有两种方法，一种是利用特殊容器记录把水漏完的时间（泄水型），另一种是底部不开口的容器，记录它用多少时间把水装满（受水型）。中国的水钟，最先是泄水型，后来泄水型与受水型同时并用或两者合一。自公元85年左右，浮子上装有漏箭的受水型漏壶逐渐流行，甚至到处使用。

• 水钟用途

这类时钟对祭司特别有用，因为夜里他们需要了解时间，不致错过在神庙内举行宗教仪式和献技活动的既定时刻。

110

水钟传入中国

水钟是整个古代世界报时的标准方式，它于公元前6世纪传入中国。水钟曾在雅典等城市成为一道常见的景观，如今在这些城市中已发现公元前35年左右建造的"城钟"的遗迹。这种钟的运行由一块浮标控制，当水从底部的一个小出口慢慢流出时，浮标也一点点地下沉。浮标大概与一根圆杆相连接。圆杆在下沉时使指示柄随之移动。通向水井的台阶的磨损程度表明，每天都要给蓄水池倒满水。

• 风之塔

希腊也拥有较为精致的水钟，发明家亚历山大的克特西比乌斯于公元前270年左右制造的水钟即为一例。这台水钟的水流由多个活塞进行精确控制，能驱动从响铃和活动木偶到鸣禽等各种自动装置——这或许就是最早的布谷钟！雅典的"风之塔"是天文学家安德罗尼卡于公元前1世纪初所建，顶部有多座日晷，内部有一只复杂的水钟，时间在刻度盘上显示，围绕刻度盘转动的圆盘可显示恒星运行和一年中太阳在各星座中间运行的轨迹。

• 水钟对文学的影响

古代作者对这些水钟的影响作过充分的论证，讲述了它们在不同背景下使用的情况。柏拉图曾在公元前约330年撰文，把律师们说成是"受漏壶驱动……从无闲暇"的人。水钟甚至开始影响到文学。"悲剧的长度，"亚里士多德抱怨说，"不该由漏壶……而应由与情节相适宜的东西来决定。"查看时钟显然已经受到严格的控制。水钟在希腊和罗马宫廷发挥了更为宝贵的作用，在那里，水钟被用来确保发言者讲话不超时；如果议程临时中断，譬如中途研究一下文件，等等，就要用蜡将出水管

堵住，直到发言重新开始。在罗马举行运动会时，水钟被用来为赛跑计时。

后来，华丽的水钟问世。哈里发哈伦·赖世德曾派使臣由巴格达启程，将一台特别精致的水钟送往神圣罗马帝国开国皇帝查理大帝（公元742—814年）的宫廷。11世纪，阿拉伯的工程师在西班牙的托莱多建造了一对大水钟，钟上有两个容器，月满时，水慢慢注满，月缺时，水慢慢排干。这些水钟结构精巧，历时百年而无须校正。

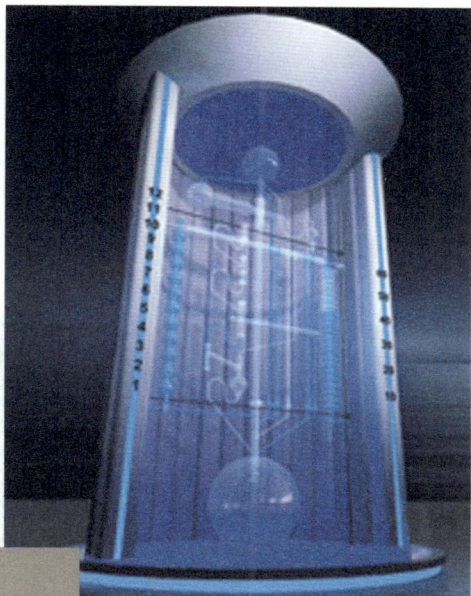

• 水运浑天俯视图

在公元72年，佛教僧侣和数学家一行制作了一个有发条装置、称作"水运浑天俯视图"的天文仪器。从这个名称可以想见，水为之提供了动力——机械原理对其运行起着调整的作用。遗憾的是，没过几年，这台用钢铁制造的机械便开始锈蚀；另外，那台时钟也由于天气寒冷引起内部结冰而出现种种问题。976年，张思训用水银替代水，建造了一台时钟，但有关的详细资料绝少传世。

• 水运仪象台

天文学家苏颂按照宋朝英宗皇帝的诏令进行设计，并于公元 1090 年建成的"水运仪象台"堪称古时代中国时钟的登峰造极之作。他的装置是一座天文钟楼，高逾 30 英尺。顶部有一架体积庞大的球形天文仪器，即浑仪。浑仪为铜制，靠水力驱动，用于观测星相。钟楼内放置天球仪，即浑象，其运转与上面的浑仪同步，故可随时对两者进行比较。钟楼前面是一座木阁，分 5 层各开一门，无论白天黑夜，每隔一段时间，便有木人出现。木人击鼓、摇铃、打钟、敲打乐器、出示时辰牌。所有木人都由巨大的报时装置操纵。这架装置则由巨大的枢轮提供动力，枢轮上有木辐挟持水斗，水从漏壶中滴入水斗，使整个仪器每个时辰前进一个水斗。

苏颂的大时钟从 1090 年起一直运转到 1126 年；随后被金朝拆开，运至北京，在那里又运转了几年。苏颂的"水运仪象台"是中古时代中国时钟制造的登峰造极之作；遗憾的是，在后来的 100 年里，由于战争的原因，这些技术没有能够最终保留下来。

114

到的燃烧速度，比如，每5分钟燃烧掉1厘米，就可以在同样的香上每隔1厘米刻上一个刻度。这样，就成了一把测量时间的"尺子"了。只要看看香烧掉的长度，就可以知道已经过去了多少时间。

利用水流，也可以计算时间。

找一个空酒瓶子，灌满水以后，倒立过来，让水流出去。反复做几次，水流完的时间总是一定的，第一次用几秒钟，第二次还是几秒钟。

• 水钟的做法

找一支香，先用尺子量出它的长度。点燃5分钟以后，再量一下它的长度；过5分钟以后，又量一次。量了几次以后，你会发现：在没有风的情况下，香的燃烧速度基本上没有什么变化。根据实验所得

流动的水和燃烧的香为什么可以作为测量时间的"尺子"呢？因为水的流动和香的燃烧都是一种运动，时间和运动有密切的关系，只有通过运动才能表现出流逝的时间。因此，量度时间离不开运动。

115

● 哲理时间

法国作家巴尔扎克把时间比作资本。德国诗人歌德把时间看成是自己的财产。鲁迅先生对时间的认识更深刻。他说："时间就是生命。无端地空耗别人的时间，其实无异于谋财害命。"法拉第中年以后，为了节省时间，把整个身心都用在科学创造上，严格控制自己，拒绝参加一切与科学无关的活动，甚至辞去皇家学院主席的职务。居里夫人为了不使来访者拖延拜访的时间，会客室里从来不放坐椅。76岁的爱因斯坦病倒了，有位老朋友问他想要什么东西，他说，我只希望还有若干小时的时间，让我把一些稿子整理好。

时间文化 >

在巴西迟到1小时，不会有人眨一下眼睫毛；但在纽约城若让人等了5或10分钟，你就必须做一些解释。时间在很多文化里是弹性的；而在另一些文化里是强硬的。的确，一种文化中的，成员认识和使用时间的方式，能反映出他们社会的优先级别，甚至能反映出他们的世界观。

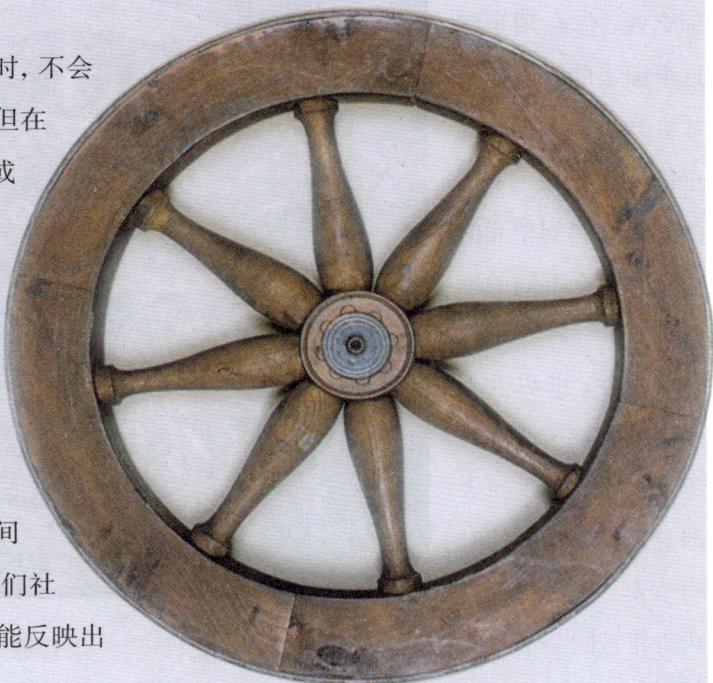

社会科学家已经记录了不同国家的生活节奏以及他们如何看待时间——无论是想象成一支箭冲向未来还是想象成一个旋转的车轮，让过去、现在和将来在其上无休止地旋转的极大不同。有一些文化将时间和空间合二为一；澳大利亚土著人的"梦幻时间"观念，不仅包括一个虚幻的神话，而且还包括一种在村子里找到他们的路的方法。然而有趣的是，一些时间观点是可以接受的，例如：地位高的人让地位低一些的人等候，它似乎跨越了文化上的差异而普遍存在。

1955年，Hall在《科学美国人》杂志上阐述了对时间不同的理解方式如何导致来自不同文化的人之间产生了误会。他写道："一个大使苦等了某个外国来访者半个小时，那么大使就需要理解：如果该来访者'只是简单地道个歉'的话，那并不是对大使的侮辱。也许该客人所在国度的时间体系是由不同的基本单元组成的，因此这位来访者

117

并不是像我们看到的那么晚。你必须了解这个国家的时间体系才会知道什么程度真正需要道歉……不同的文化对时间单元的含义有完全不同的理解。"

现在，世界上大多数国家都有表和日历，它们将地球的大部分定义为相同的时间节奏，但这并不意味着将按同一个"鼓点"迈步。美国加利福尼亚大学弗雷斯诺分校的社会心理学家Robert V. Levine指出："研究时间的一个优点就是：它是一扇研究文化的多彩窗口，从中你可以找到关于文化价值和信仰的答案；你能够在人们认为至关重要的东西中得到真正的灵感。"

Levine和他的同事已经在31个国家就所谓"生活的节奏"进行了研究。在一本1997年出版的名为《时间的地域性》（A Geography of Time）一书中，Levine用3种尺度对不同的国家进行了划分：在市区内人行道上人们的行走速度、邮局的职员卖一张普通的邮票的快慢、公共时钟的精确度。根据这些参数值的不同，他总结出5个节奏最快的国家：瑞士、爱尔兰、德国、日本和意大利；5个节奏最慢的国家：叙利亚、萨尔瓦多、巴西、印度尼西亚和墨西哥。美国排在第16位，接近中间。

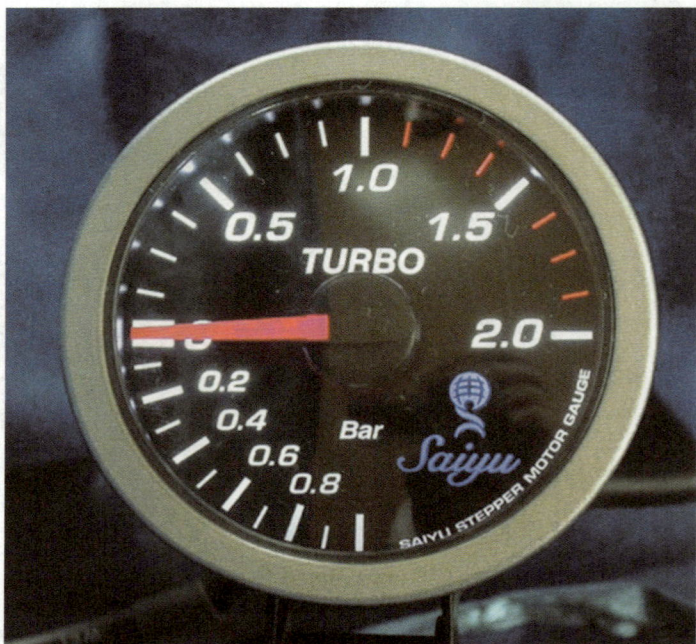

纽约城市大学皇家学院的人类学家Kevin K. Birth，调查了特立尼达岛人对时间的理解。Birth在一本1999年出版的名为《任何时间都是特立尼达岛时间：社会意义和时间意识》一书中，提到一句用来解释迟到的常用语。Birth评论道，在那个国家，"如果晚上6点钟有个会，人们有可能在6点45分或7点才到会，并且说句：'任何时间都是特立尼达岛时间。'"但是在商业领域，只有那些有权势的人对时间限制才可以这么松散。一个老板可以迟到，然后轻易地说句"任何时间都是特立尼达岛时间"完事；但下属还是需要守时，这句口头禅对他们来说是无效的。"时间就是时间。"Birth还补充说，权位和等待时间之间的关系对其他很多国家也适用。

时间模糊的本性使人类学家和社会心理学家的研究变得非常困难。Birth说："你不可能简单地进入一个社会，随便走近一个人，然后问他'告诉我你们的时间观念'，人们无法确切地给出一个答案，你必须通过其他方式找到答案。"

Birth尝试着通过探测特立尼达岛将时间和金钱联系起来的紧密程度，来推测特立尼达岛人的时间价值观。他调查了乡下的农民——他们的一天通常是按自然规律行事，比如日出——发现他们并没有意识到"时间就是金钱"、"计划好你的时间"或者"时间管理"等短语，尽管他们有卫星电视熟知西方的大众文化。但同是该地区的裁缝却有一定的时间观念。他说："将时间与金钱联系起来的观点，在世界上并未发现，但有与工作和同

119

事联系起来的。"

人们日常的安排时间方式，基本上和他们认为时间是怎样的一个抽象概念无关。Birth断言："人们怎样观察抽象的时间和他们在日常生活中怎样考虑时间基本上是独立的，在日常生活中我们不会考虑到霍金的理论。"

一些文化并没有将过去、现在和将来划清界限。例如，澳大利亚的土著人相信在开天辟地时期，他们的祖先从地里爬出来，当祖先到处走动为每一地形和生物命名的时候，他们将世界"唱"活了，而被他们命名的东西又证明了他们的存在。直到今天，除非土著人"唱"它，否则一个实体是不存在的。

> **成就是用时间换来的**

司马迁写《史记》花了 18 年；左思写《三都赋》花了 10 年；李时珍写《本草纲目》花了 30 年；哥白尼写《论天体的运动》花了 30 年；达尔文写《物种起源》花了 22 年；弥尔顿写《失乐园》花了 21 年；伟大的马克思写《资本论》整整花了 40 年的功夫。

121

鲁迅惜时 >

伟大的思想家、革命家、文学家鲁迅成功的一条重要经验就是珍惜时间。鲁迅的一生都是在拼时间。他说："时间，就像海绵里的水，只要愿挤，总是有的。"时间对任何人都是公正的。有志者、勤奋者，善于去争，去挤，它就有；闲人、懒汉，不去争，不去挤，它就没有。鲁迅正是善于挤时间，支配时间的勤奋者。他一生多病，工作条件和生活条件都不好，但他每天都要工作到深夜，第二天起床后，有时连饭也顾不得吃，又开始工作，一直到吃晚饭时才走出自己的工作室，实在困了，就和衣躺到床上打个盹，醒后泡一碗浓茶，抽一支烟，又继续写作，鲁迅习惯以各种形式鞭策自己珍惜时间。在鲁迅的卧室里墙上挂着勉励自己珍惜时间的对联及最崇敬的人。鲁迅曾说："美国人说，时间就是金钱，但我想，时间就是生命，无端空耗别人的时间，其实是无异于谋财害命。"鲁迅最讨厌那些成天东家跑跑，西家坐坐，说长道短的人。

爱迪生的故事 〉

爱迪生一生只上过3个月的小学，他的学问是靠母亲的教导和自修得来的。他的成功，应该归功于母亲自小对他的谅解与耐心的教导，才使原来被人认为是低能儿的爱迪生长大后成为举世闻名的"发明大王"。爱迪生从小就对很多事物感到好奇，而且喜欢亲自去试验一下，直到明白了其中的道理为止。长大以后，他就根据自己这方面的兴趣，一心一意做研究和发明的工作。他在新泽西州建立了一个实验室，一生共发明了电灯、电报机、留声机、电影机、磁力析矿机、压碎机等总计2000余种东西。爱迪生的强烈研究精神，使他对改进人类的生活方式，作出了重大的贡献。"最大的浪费莫过于浪费时间了。" 爱迪生常对助手说。"人生太短暂了，要多想办法，用极少的时间办更多的事情。"一天，爱迪生在实验室里工作，他递给助手一个没上灯口的空玻璃灯泡，说："你量量灯泡的容量。"他又低头工作了。过了好半天，他问："容量多少？"他没听见回答，转头看见助手拿着软尺在测量灯泡的周长、斜度，并拿了测得的数字伏在桌上计算。他说："时间、时间，怎么费那么多的时间呢？"爱迪生走过来，拿起那个空灯泡，向里面斟满了水，交给助手，说："里面的水倒在量杯里，马上告诉我它的容量。" 助手立刻读出了数字。爱迪生说："这是多么容易的测量方法啊，它又准确，又节省时间，你怎么想不到呢？还去算，那岂不是白白地浪费时间吗？"助手的脸红了。爱迪生喃喃地说："人生太短暂了，太短暂了，要节省时间，多做事情啊！"

123

美国人和日本人的故事 〉

很多人都羡慕美国、日本富裕的生活及其轿车、电器，然而，你知道他们是多么珍惜时间吗？早在200多年前美国还没独立的时候，美国启蒙运动的开创者、科学家、实业家和独立运动的领导人之一富兰克林就在他编撰的《致富之路》一书中收入了两句在美国流传甚广、掷地有声的格言："时间就是生命"，"时间就是金钱"。20世纪90年代初，中国辽宁青年参观团在日本出席一个会议，出国前团长准备了厚厚一叠发言稿，可是届时日方官员递上的会序表却写着："中方发言时间：10点17分20秒至18分20秒。"发

言时间仅为一分钟。这在那些"一杯茶水一支烟，一张报纸看半天"的人看来，似乎不可思议，而在日本却是极为平常的。日本从工人到学者，时间观念都非常强。他们考核岗位工人称不称职的基本标准就是在保证质量的前提下单位时间的劳动量，时间一般精确到秒。

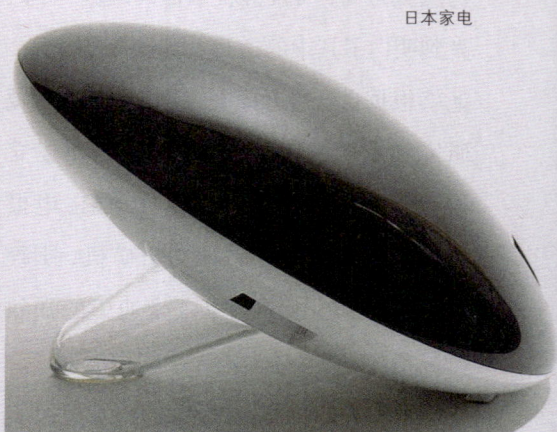

日本家电

时间就是财富 >

"那本书要多少钱？"一个在本杰明·富兰克林书店的门厅里徘徊了一个小时的男子问道。"1美元。"店员答道。"要1美元！"那个徘徊了良久的人惊呼道，"能便宜一点吗？""没法便宜了，就得1美元。"这是他得到的回答。这个颇有购买欲望的人又盯了那本书一会儿，然后问道："富兰克林先生在吗？""是的，"店员回答说，"他正忙于印刷间的工作。""哦，我想见一见他。"这个男子坚持道。书店的老板富兰克林被叫了出来，陌生人再一次问："请问那本书的最低价是多少，富兰克林先生？""1.25美元。富兰克林斩钉截铁地回答道。"1.25美元！怎么会这样子呢，刚才你的店员说只要1美元。""没错，"富兰克林说道，"可是你还耽误了我的时间，这个损失比1美元要大得多。"这个男子看起来非常诧异，但是，为了尽快结束这场由他自己引起的谈判，他再次问道："好吧，那么告诉我这本书的最低价吧。""1.5美元，"富兰克林回答说。"1.5美元！天哪，刚才你自己不是说了只要1.25美元吗？""是的，"富兰克林冷静地回答道，"可是到现在，我因此所耽误的工作和丧失的价值已经远远大于1.5美元了。" 这个男子默不作声地把钱放在了柜台上，拿起书本离开了书店。从富兰克林这位深谙时间价值的书店主人身上，他得到一个有益的教训：从某种程度上来说，时间就是财富，时间就是价值。人生最大的财富是什么？是金钱，还是名利？不，是时间。时间掌握了一切，没有时间，还谈什么金钱、名利呢？所以，时间与一切息息相关。时间是一切的保障。没有时间，一切都不可能成功。

《明日歌》与《今日歌》 ›

明代文嘉写了一则《明日歌》，内容为：明日复明日，明日何其多！日日待明日，万事成蹉跎。世人皆被明日累，明日无穷老将至。晨昏滚滚水东流，今古悠悠日西坠。百年明日能几何？请君听我《明日歌》。

他还写了一则《今日歌》，内容为：今日复今日，今日何其少！今日又不为，此事何时了？人生百年几今日，今日不为真可惜。若言姑待明朝至，明朝又有明朝事。为君聊赋《今日诗》，努力请从今日始。

一生才三天 ›

在美国夏威夷岛上，学生们上课时总要先背诵一段祈祷词：一个人的一生只有三天：昨天、今天和明天。昨天已经过去永不复返。今天和你在一起，但很快也会过去。明天就要到来，也会消逝。抓紧时间，一生只有三天。

> **关于时间的名言**

时间就像海绵里的水，只要愿挤，总还是有的。——鲁迅

荒废时间等于荒废生命。——川端康成

抛弃时间的人，时间也抛弃他。——莎士比亚

早晨不起误一天的事，幼时不学误一生的事。在今天和明天之间，有一段很长的时间；趁你还有精神的时候，学习迅速办事。——歌德

完成工作的方法是爱惜每一分钟。——达尔文

合理安排时间，就等于节约时间。——培根

把活着的每一天看作生命的最后一天。——海伦·凯勒

当许多人在一条路上徘徊不前时，他们不得不让开一条大路，让那珍惜时间的人赶到他们的前面去。——苏格拉底

图书在版编目（CIP）数据

流动的时间/杨莹编著. —长春：北方妇女儿童
出版社，2015.7 （2021.3重印）
　　（科学奥妙无穷）
ISBN 978-7-5385-9341-9

Ⅰ.①流…　Ⅱ.①杨…　Ⅲ.①时间—青少年读物
Ⅳ.①P19-49

中国版本图书馆CIP数据核字（2015）第146848号

流动的时间
LIUDAONGDESHIJIAN

出 版 人	刘　刚	
责任编辑	王天明　鲁　娜	
开　　本	700mm×1000mm　1/16	
印　　张	8	
字　　数	160 千字	
版　　次	2016 年 4 月第 1 版	
印　　次	2021 年 3 月第 3 次印刷	
印　　刷	汇昌印刷（天津）有限公司	
出　　版	北方妇女儿童出版社	
发　　行	北方妇女儿童出版社	
地　　址	长春市人民大街 5788 号	
电　　话	总编办：0431－81629600	

定　　价：29.80 元